家里的咖啡馆

——100道诱人咖啡和美味甜点

100 Recipes for Irresistible Coffees and Delectable Desserts

菲／艾琳·阿纳斯塔西奥 著

咖啡沙龙 译

江苏凤凰科学技术出版社

图书在版编目（CIP）数据

家里的咖啡馆：100道诱人咖啡和美味甜点 /（菲）
艾琳·阿纳斯塔西奥著；咖啡沙龙译 . -- 南京：江苏
凤凰科学技术出版社，2017.6
　　ISBN 978-7-5537-7491-6

　　Ⅰ . ①家… Ⅱ . ①艾… ②咖… Ⅲ . ①咖啡 – 基本知
识 Ⅳ . ① TS273

中国版本图书馆 CIP 数据核字（2016）第 279325 号

家里的咖啡馆——100 道诱人咖啡和美味甜点

著　　　者　菲／艾琳·阿纳斯塔西奥
译　　　者　咖啡沙龙
策　　　划　陈　艺
责 任 编 辑　祝　萍　陈　艺
责 任 校 对　郝慧华
责 任 监 制　曹叶平　方　晨
出 版 发 行　江苏凤凰科学技术出版社
出版社地址　南京市湖南路1号A楼，邮编：210009
出版社网址　http://www.pspress.cn
印　　　刷　深圳市彩之美实业有限公司

开　　　本　718 mm × 1000 mm　1/16
印　　　张　12.5
字　　　数　20 0000
版　　　次　2017 年 6 月第 1 版
印　　　次　2017 年 6 月第 1 次印刷

标 准 书 号　ISBN 978-7-5537-7491-6
定　　　价　68.00 元

图书如有印装质量问题，可随时向我社出版科调换。

Dedication

献词

谨以此书献给您，妈妈。
您的爱与支持使我不断前行。
希望我能成为您的骄傲。

致我的甜心，我亲爱的塞布丽娜（Sabrina），
你总能让我开心微笑！
妈妈很期待能和你一起做甜点，
当我们一起享受甜点的时候，
我要来一杯咖啡，同时，给你来一杯牛奶！

Contents

目　录

Basic — 从基础知识开始

Part 1 — 饮品

Part 2 — 甜点

190 基础配方

Acknowledgements

致谢

没有这些能人的协助，这本书大概就不会面世了。他们对各自技艺的热忱和爱都能在书中体现出来。

罗比·赛布尔（Robby Sibal），我非常享受与你共事的这近九年的时光，你的摄影作品越来越有水准了。你作为我的首选摄影师，让我的工作充满了乐趣。

安吉洛·康斯提（Angelo Comsti），感谢你对工作的热爱，感谢你在美食造型方面的创意，也感谢你如此出色的写作才华。你让所有饮品和甜点看起来就像它们实际上那么吸引人，如同亲口品尝美味一般。

杰奎琳·弗兰奎利（Jacquilline Franquelli），你本身就是一个已有数本佳作的杰出作家。感谢你帮我重写和编辑我的食谱，真的要给你一个大大的拥抱。当我词穷的时候，你总会来营救我。

伊奇利比岸贸易公司（Equilibrium），摩珞咖啡和特朗尼风味糖浆的分销商，感谢贵公司对这次创作的支持。你们的高品质产品造就了本书中许多美味饮品的创作。

感谢我的家人及朋友——我的妹妹薇薇安（Vivian）和弟弟劳埃德（Lloyd），以及他们的另一半布奇（Butch）和雷亚（Rhea）；好友玛莉薇（Marivic）、安娜（Anna）、凯茜（Cathy）和顿（Ton）——为了改进和筛选本书的食谱，他们都主动请缨给出具有参考价值的意见。

最重要的是，我必须对我的造物者，致以最深的感谢。感谢它给予我创作的才华和天分，并将我塑造成今天的我。

推荐序

⸬ 咖啡大师　林东源

　　每个咖啡职人都用自己的方式借着咖啡串联世界，正如我和GABEE.、艾琳和《家里的咖啡馆——100道诱人咖啡和美味甜点》。艾琳以巧思的角度，打造出一片家里的咖啡馆小天地。而咖啡的国度总是充满各种无限可能——在家里的咖啡馆你们能卸下"盔甲"，制作出打动人心的咖啡和甜点。一杯咖啡，一份甜点，相信你们可以从《家里的咖啡馆——100道诱人咖啡和美味甜点》找到自己所想要的生活乐趣。

⧘ 咖啡沙龙联合创始人　林健良

　　这次参与了《家里的咖啡馆——100道诱人咖啡和美味甜点》的翻译工作，深深感受到高品质生活给人们带来的美好。咖啡和烘焙，慢慢走入家庭，其实它们的门槛并不高，亲手制作的那份快乐和满足，不仅仅属于自己，还属于你分享的每个人。至于健康和美味，我相信在城市里拼搏的每一个人都不会拒绝。那我们还等什么，一起收获那份幸福与惬意吧！

Preface
自序

　　5年前，我在我的小笔记本上胡乱写下未来几年的工作计划，其中包括我想创作的食谱、想尝试的食物和想烘焙的甜点。但生活实在太忙碌，以致无暇顾及上述任意一项。

　　之后，我参与了两项工作。一项工作是出了一本有20道食谱的书，名为《调味咖啡》（*The Flavored Cup*）。它是我10年来教授意式浓缩咖啡基础制作和甜点咖啡课程的结晶。这是我工作生涯的第一次，感谢伊奇利比岸贸易公司赞助了这个项目。

　　另一项工作牵涉到我的另一份热爱，甜品。一个电视节目制作人要寻找两位有自己烘焙店并有教学背景的女厨师。由于我符合条件，被邀请去一档名为《真正的甜点》（*True Confection*）的烘焙节目做主持。起初我还有点担心，因为我不确定那要占据我多少时间，但当我发现每月只需录影一次的时候，就欣然接受了。我们的节目是从2008年8月中旬开始录制的，两个月之后节目播出，并取得了成功！收视率很高，而且还有忠实粉丝。我们把食谱发布在节目的博客上（trueconfection.multiply.com），很多观众常常在上面提问和评论。大家浓厚的兴趣和积极的反响激发了我去开展另一个项目——一本咖啡和甜点食谱——就是你现在手上翻阅的这本。

　　这本书包含了《真正的甜点》节目中观众最喜爱的食谱，也有一些是我个人偏爱的方子。为了尽情享受甜食带来的快感，我把它们和各种意式浓缩咖啡饮品搭配在一起，从热的到冰的，到加了奶油和冰淇淋的（我管那叫甜点咖啡），还有加了一点点酒精的（我管那叫鸡尾酒咖啡）。

上一个母亲节我和家人在菲律宾的碧瑶市度过了慵懒又寒冷的日子，食谱就是那时候收集而来的。喝下午茶的时候，我让每位家庭成员说出一款他们心心念念的甜点，以及与之搭配的咖啡。他们的反馈就成了最初的清单，然后我又根据朋友和客人的反馈做得更完整些，结果就是这本书——50道经实践测试的烘焙点心和50款美味的咖啡饮品。

　　我希望这些食谱能让你轻松在家制作，并享受各式咖啡饮品和甜点。这本书介绍了很多容易制作又极具诱惑的点心，从美味的曲奇饼到让人充满好奇感的蛋糕。我认为，人生如此短暂，又怎能容得下一杯差咖啡或是一件糟甜点？因此，是时候把你的厨房变成有好咖啡和美味甜点的家庭咖啡馆。

　　创作这本书时，我从旧文档和存储器里分类整理食谱。正当我翻阅我那堆书的时候，我看到了它——记录着我的工作计划的小笔记本。命运的安排很有趣，计划里包括写一本关于咖啡和甜点的食谱，现在我能打个勾了。

　　我希望你也能够借助这本书，满足你烘焙和咖啡制作的愿望。系上围裙，开始享受入厨之乐吧！

艾琳

[*Basic*]

从基础知识开始

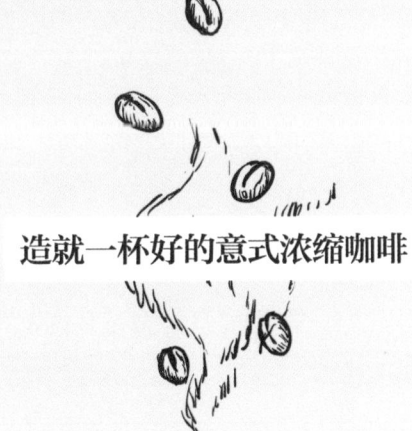

造就一杯好的意式浓缩咖啡

好的咖啡豆

影响意式浓缩咖啡质量的因素有许多，但好的咖啡豆是首要的。一款好的咖啡豆应该生长在阳光充足，降雨适中，全年温度在20℃，没有霜冻的地区。

咖啡树的种类有很多，而长出的咖啡豆也有着各自不同的个性特点。现今种植的咖啡有两大类：罗布斯塔种咖啡和阿拉比卡种咖啡。

罗布斯塔种生长于低地，能抵抗病害，单位产量较高，长出的豆子小而圆。相比阿拉比卡而言，其做出的咖啡，咖啡因含量较高，品质也较粗糙。

阿拉比卡种的生长周期较罗布斯塔种长，树形狭长，生长于高地，因此也被称为"种在高处的咖啡豆"，能烘焙出比罗布斯塔种更具风味、更精致的咖啡。

适度烘焙

炮制一杯好的意式浓缩咖啡的第二个要素就是恰当的烘焙方式。没有其他因素比烘焙更能影响咖啡豆的风味。意式浓缩咖啡豆烘焙出来的颜色较深。

好的研磨

第三个要素是研磨。使用意式浓缩咖啡机并细研磨咖啡豆能完美地萃取，产生细腻的咖啡油脂和一份味佳的意式浓缩咖啡。

适当的研磨度

第四个要素是采取正确的研磨

度并称量准确。每份意式浓缩咖啡需要7~9克细研磨意式咖啡粉。

纯净水，合适的温度

第五个要素是使用纯净过滤水，加热至合适的温度——90℃左右。

预热好的意式浓缩咖啡机

最后一个同样重要的因素是使用意式浓缩咖啡机萃取咖啡之前要先预热咖啡机。

遵循这些法则，你就能制作出完美的意式浓缩咖啡。

一份完美的意式浓缩咖啡美味，口感丰富，香醇悠长，回味甘甜，表面还会浮着一层质感细腻的榛子色咖啡油脂。

传统上，意式浓缩咖啡是用小型咖啡杯盛上的，并且最好在从咖啡机萃取出来后马上奉上享用。

意式浓缩咖啡机的代替品

尽管一台好的意式浓缩咖啡机所做出的咖啡质量无可比拟，但如果没有咖啡机，也可以按此方法调制出一杯香味浓郁甘醇的咖啡。

用滤压式咖啡壶，如法压壶：

❶ 在壶中放入7～9克意式咖啡粉（中度研磨）。

❷ 加入60毫升现煮开水（约90℃）。搅拌混合，轻轻放入滤杆，盖住并保温。浸泡3～4分钟。

❸ 抓住壶柄并慢慢压下滤杆，把咖啡粉压至壶的底部。

❹ 倒出一份45毫升的咖啡，用以代替食谱中的一份意式浓缩咖啡。

〉用小炖锅加热牛奶和打发奶泡 〈

　　用意式浓缩咖啡机附带的蒸汽棒可以加热及打发牛奶。然而，用小炖锅和搅打器也同样能做到。

❶ 把冻牛奶倒入小炖锅至半分满（全脂牛奶打发效果最好）。

❷ 中火加热牛奶。用球形搅打器慢慢搅拌，也可以用电动手持搅打器来加快搅打速度。

❸ 牛奶温热后开始搅打，随着牛奶温度的提升而加快搅打速度。

❹ 切忌煮沸牛奶。偶尔把小炖锅离火以防止煮沸。一旦煮沸，泡沫就会减少甚至消失，牛奶的质感也会变得较粗糙。

> ·小提示·
>
> 　　另附上一段用专业手动打奶器打发牛奶的视频，如打发冰牛奶去掉加热步骤即可。

扫码看视频

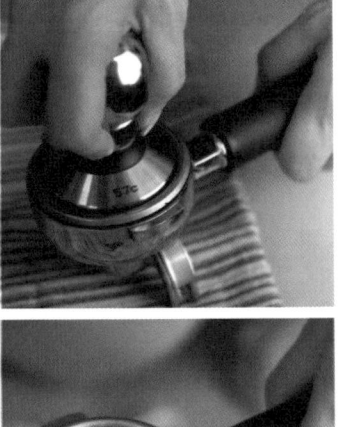

用意式浓缩咖啡机制作意式浓缩咖啡

❶ 先预热咖啡机，就像开车之前发动引擎一样。咖啡机萃取的压力应在9～10帕之间。

❷ 打开启动键放水，确认咖啡机是否正常运行并预热冲煮头。

❸ 在咖啡粉碗中加入7～9克细研磨意式咖啡粉。

❹ 轻轻压实咖啡粉。

❺ 清洁咖啡粉碗的周围，扫除多余的咖啡粉。

❻ 把咖啡粉碗紧贴咖啡机冲煮头。

❼ 从左至右移动手柄，在中间处停下以扣紧手柄。

❽ 在手柄分流嘴下方放置温热的杯子，按开始键萃取咖啡。

❾ 总萃取时间应在20～25秒之间，每份萃取的意式浓缩咖啡应有45毫升，并有相当分量的咖啡油脂在表面。

扫码看视频

扫码看视频

⌇ 用意式浓缩咖啡机加热牛奶和打发奶泡 ⌇

❶ 把冻牛奶倒入冻奶缸至1/3分满（全脂牛奶打发效果最好）。

❷ 蒸汽棒插入牛奶之前要把冷凝水排放干净（将蒸汽阀开关一次以清除残余的牛奶和水分）。

❸ 把蒸汽棒的前端（蒸汽头）插入牛奶中，仅仅置于牛奶表面之下约1厘米。

❹ 完全打开蒸汽阀，开始加热并打发牛奶。

❺ 这时会形成漩涡，冒出一些小泡沫并产生一种平稳的嘶嘶声。

❻ 不要把蒸汽头插入太深，否则只会加热牛奶而不会形成奶泡。

❼ 将蒸汽头刚好保持在牛奶表面正下方，产生奶泡。

❽ 一旦牛奶及奶泡达到奶缸的3/4分满时，把蒸汽头插入至中央位置，并完成加热牛奶的步骤。

❾ 关掉蒸汽阀，让刚打发好的牛奶静置一会儿，让奶泡稳定下来，这时你可以开始制作意式浓缩咖啡了。

❿ 打发完牛奶后记得用干净的湿毛巾清洁蒸汽棒和蒸汽头，并排放一点蒸汽以清除管嘴里残余的牛奶。

· 小提示 ·

蒸煮牛奶的温度保持在60~65℃最佳。

⁋ 制作卡布奇诺 ⁋

❶ 准备好1份已打发完成的牛奶和奶泡。

❷ 萃取1份意式浓缩咖啡。

❸ 将牛奶轻轻倒入意式浓缩咖啡中。

❹ 倒入所需分量的牛奶后，用勺子慢慢舀入奶泡至满杯。

⌇ 营造分层的效果 ⌇

❶ 准备好已打发的牛奶和奶泡。

❷ 萃取1份意式浓缩咖啡。

❸ 往咖啡杯里倒入巧克力糖浆。

❹ 加入已打发的牛奶。

❺ 用勺子舀入奶泡。

❻ 沿着勺子背部缓缓注入意式浓缩咖啡，做出咖啡层。

❼ 根据个人需要加入奶泡至满杯。

⁞ 巧克力雕花 ⁞

❶ 在奶泡上挤入少量巧克力糖浆。奶泡层必须有足够厚度，这样巧克力糖浆才不至于沉入意式浓缩咖啡中。

❷ 在每滴巧克力糖浆的中心位置，用一根牙签或任何较细的尖锐物来画图案，动作要一气呵成。

❸ 通过用巧克力糖浆画出平行线或同心圆，拖动牙签或尖锐物可画出其他图案。

⁓ 咖啡拉花：心形 ⁓

❶ 准备1份已打发好的牛奶泡（牛奶和奶泡）。

❷ 萃取1份意式浓缩咖啡。

❸ 将牛奶泡缓慢轻柔地倒入意式浓缩咖啡之中。

❹ 加入足够的牛奶泡至3/4杯满。

❺ 前后晃动装有牛奶泡的奶缸，直至牛奶泡从杯中央切至杯的边缘形成心形即可。

扫码看视频

〰 咖啡拉花：风车 〰

❶ 准备已打发好的牛奶泡。

❷ 萃取1份意式浓缩咖啡。

❸ 将牛奶泡缓慢轻柔地倒入意式浓缩咖啡之中。

❹ 加入足够的牛奶泡至满杯（奶泡在咖啡表面形成一个泛白的圆）。

❺ 将牙签或较细的尖锐物的尖端插入咖啡油脂，并以圆弧线的形式将其拖动至杯中央。抹净牙签或尖锐物的尖端，多次重复上述步骤直至做出理想的图案为止。

扫码看视频

⫷ 咖啡拉花：叶形 ⫸

❶ 准备已打发好的牛奶泡。

❷ 萃取1份意式浓缩咖啡。

❸ 倒入牛奶泡的时候将咖啡杯倾斜，并持续注入牛奶泡，这样咖啡油脂就会聚在表面的一边。

❹ 一边摆平咖啡杯一边左右晃动奶缸，做出锯齿状图案。

❺ 最后，当牛奶泡的注入接近满杯时，提起拉花缸，小流量并平稳地持续注入牛奶泡于已形成的锯齿状图案中间，这样就完成了。

扫码看视频

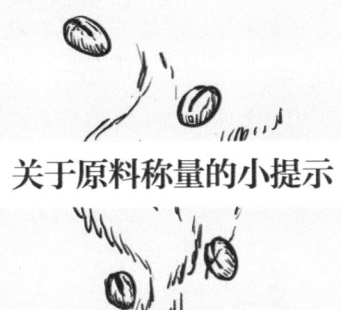

关于原料称量的小提示

普通（多用途）面粉

在储存容器或袋中搅拌面粉，使其蓬松起来，再用一个大勺将面粉舀入所需的量杯中，这样会稍微满溢。不要压紧面粉。用刀背或刮铲在量杯顶端刮平面粉。一杯面粉大概有120克。

蛋糕粉

称量之前按上述方法搅拌蛋糕粉。

砂糖

在储存容器中搅拌砂糖以松开结块，再用一个大勺将砂糖舀入所需的量杯中，这样会稍微满溢。用刀背或刮铲在量杯顶端刮平砂糖。一杯砂糖大概有200克。

黄糖

在储存容器中搅拌黄糖以松开结块，然后将黄糖紧紧压入所需量杯中。倒转的时候，黄糖能保持成量杯的形状。

糖粉

先搅拌糖粉，去除结块。按砂糖的方法称量。一杯糖粉大概有120克。

液体

将液体倒入水平放置的透明玻璃或塑料量杯中。读数时应使量杯的高度与视线持平。

⸭ 单位换算 ⸭

液体及容积测量

公制	量勺/量杯
5毫升	1茶匙
15毫升	1汤匙
30毫升	2汤匙
45毫升	3汤匙（1份）
60毫升	1/4杯
90毫升	3/8杯
120毫升	1/2杯
180毫升	3/4杯
240毫升	1杯
300毫升	1¼杯
360毫升	1½杯
480毫升	2杯
600毫升	2½杯
720毫升	3杯
840毫升	3½杯
960毫升	4杯

1杯原料

原料	公制
杏仁片	90克
原粒杏仁	150克
黄油	225克
巧克力片	180克
巧克力碎	180克
巧克力曲奇饼碎	120克
可可粉	112克
奶油芝士	225克
椰枣	180克
蛋糕粉	120克
面粉	120克
全麦饼干碎	120克
夏威夷果仁	143克
花生酱	225克
花生	142克
山核桃	120克
菠萝块	225克
葡萄干	180克
燕麦片	105克
黑糖	225克
砂糖	200克
糖粉	120克
黄糖	225克
植物起酥油	172克
植物油	225克
核桃	120克

轻松一刻，来一杯热的或冰的意
式浓缩咖啡饮品，享受单纯的美好！

Part 1

饮品

热咖啡
Hot Coffee

意式浓缩咖啡

Espresso

这是咖啡中的精髓，也是本书中所有饮品的基础。意式浓缩咖啡甘醇，口感丰富，颜色较深，表面还有一层榛子色咖啡油脂。传统上以杯壁较厚的小型咖啡杯盛上。

---

* 原料

意式咖啡粉	7～9克
水	按需

* 制作方法

使用意式浓缩咖啡机，将原料在20～25秒内萃取出1份完美的意式浓缩咖啡。1份相当于45毫升。

扫码看视频

加长意式浓缩咖啡

Espresso Lungo

Lungo在意大利语中是"长"的意思，指的是萃取时间。

---

* 原料

意式咖啡粉	**7～9克**
水	**按需**

* 制作方法

1. 制作方法跟意式浓缩咖啡一样，唯一不同的是，萃取时间较长，可长达1分钟。因为咖啡粉萃取时间较长（通过咖啡粉的热水量随之增加），所以做出来的咖啡味道会较淡、较苦，咖啡油脂层也较薄。

2. 用这种方法，流过咖啡粉的水会更多，因此1份的量有1/4杯，约60毫升。

意式特浓咖啡

Espresso Ristretto

咖啡整体味道更为饱满，没有苦涩味，通常受到意式浓缩咖啡爱好者的青睐。

＊原料

意式咖啡粉	7~9克
水	按需

＊制作方法

1. 制作方法跟意式浓缩咖啡一样，但萃取时间较短。

2. 用这种方法，只有少量的水流过咖啡粉，因此会做出1份约30毫升且味道更饱满、浓郁的咖啡。

双份意式浓缩咖啡

Double
Espresso

意大利语称之为doppio，实质上就是一杯里面有两份意式浓缩咖啡。

＊原料

意式咖啡粉	14～18克
水	按需

＊制作方法

使用意式浓缩咖啡机，萃取一杯双份意式浓缩咖啡。

扫码看视频

康宝蓝

Espresso Con Panna

意大利语就是"加上鲜奶油的意式浓缩咖啡",是1份盖上适量奶油的意式浓缩咖啡,用杯壁较厚的小咖啡杯盛上。

✳原料

意式浓缩咖啡(见35页)

1份(45毫升)

打发好的鲜奶油　　　**适量**

✳制作方法

1. 使用意式浓缩咖啡机萃取1份意式浓缩咖啡。

2. 在表面盖上适量鲜奶油,以能覆盖意式浓缩咖啡表面为佳,挤成花的形状更好。

扫码看视频

罗马式浓缩咖啡

Espresso
Romano

一杯意式浓缩咖啡，杯旁伴有适量柠檬皮。

＊原料

意式浓缩咖啡（见35页）

1份（45毫升）

＊装饰

柠檬皮   适量

＊制作方法

1. 使用意式浓缩咖啡机萃取1份意式浓缩咖啡。

2. 在杯旁放上柠檬皮。

扫码看视频

玛奇朵

Espresso
Machiatto

一杯带有一点点牛奶（打发）的意式浓缩咖啡。通常会盖上一点奶泡来区别于常规的意式浓缩咖啡。

＊原料

意式浓缩咖啡（见35页）

1份（45毫升）

牛奶（打发）   **15毫升**

奶泡   **少许**

＊制作方法

1. 使用意式浓缩咖啡机萃取1份意式浓缩咖啡。

2. 加入15毫升牛奶（打发）。

3. 舀少许奶泡，并以保留杯边留有榛子色的咖啡油脂为佳。

· 小提示 ·

也可将牛奶（打发）注入直至满杯，再盖上一点奶泡。

干卡布奇诺

Dry Cappuccino

一杯比常规卡布奇诺少牛奶（打发）、多奶泡的意式浓缩咖啡。

＊原料

意式浓缩咖啡（见35页）

	1份（45毫升）
牛奶（打发）	**30毫升**
奶泡	**60毫升**

＊制作方法

1. 使用意式浓缩咖啡机萃取1份意式浓缩咖啡。

2. 加入牛奶（打发）和奶泡。

扫码看视频

湿卡布奇诺

Wet
Cappuccino

一杯比常规卡布奇诺多牛奶（打发）少奶泡的意式浓缩咖啡。

*原料

意式浓缩咖啡（见35页）

1份（45毫升）

牛奶（打发）　　　60毫升

奶泡　　　　　　　30毫升

*制作方法

1. 使用意式浓缩咖啡机萃取1份意式浓缩咖啡。

2. 加入牛奶（打发）和奶泡。

扫码看视频

传统卡布奇诺

Traditional Cappuccino

一杯含等量牛奶（打发）和奶泡的意式浓缩咖啡。

*原料

意式浓缩咖啡（见35页）	**1份（45毫升）**
牛奶（打发）	**45毫升**
奶泡	**45毫升**

*制作方法

1. 使用意式浓缩咖啡机萃取1份意式浓缩咖啡。
2. 加入等量牛奶（打发）。
3. 加入等量奶泡至满杯。
4. 按需装饰。

扫码看视频

美式咖啡

Caffè Americano

一杯用热水稀释的意式浓缩咖啡。

＊原料

意式浓缩咖啡（见35页）

1份（45毫升）

热水　　　　90～120毫升

＊制作方法

1. 使用意式浓缩咖啡机萃取1份意式浓缩咖啡。

2. 加入足够热水。

3. 立即奉上享用。

扫码看视频

拿铁

Caffè Latte

1份意式浓缩咖啡，加入双倍量的牛奶（打发）和一点奶泡。

*原料

意式浓缩咖啡（见35页）

1份（45毫升）

牛奶（打发） **90～120毫升**

*制作方法

1. 使用意式浓缩咖啡机萃取1份意式浓缩咖啡。

2. 倒入牛奶（打发）至杯中。

3. 按需装饰。

扫码看视频

摩卡

扫码看视频

Caffè Mocha

一杯加入牛奶和巧克力的意式浓缩咖啡。享用前加入奶泡或打至软性发泡的鲜奶油。

＊原料

巧克力糖浆	**15～30毫升**
牛奶（打发）	**60毫升**
奶泡	**按需**
意式浓缩咖啡（见35页）	**1份（45毫升）**

＊装饰

巧克力糖浆	**适量**

＊制作方法

1. 往咖啡杯中倒入15～30毫升的巧克力糖浆。

2. 加入牛奶（打发），再加入足够奶泡至满杯。

3. 沿着勺子的背部慢慢加入意式浓缩咖啡，做出咖啡层。

4. 装饰：用巧克力糖浆每隔1厘米画出一个同心圆，用牙签或任意尖锐物自圆心往杯边画直线，切过巧克力圆圈。

热麦乳果仁巧克力

Hot Choco Macadamia Malt

在摩卡中加入夏威夷果仁风味糖浆和香滑的麦乳精粉，使之更加美味。

---

*原料

巧克力糖浆	**15毫升**
夏威夷果仁风味糖浆	**15毫升**
麦乳精粉	**8克**
意式浓缩咖啡（见35页）	**1份（45毫升）**
牛奶（打发）	**60毫升**
奶泡	**按需**

*装饰

巧克力糖浆	**适量**

*制作方法

1. 往玻璃杯中倒入15毫升巧克力糖浆。

2. 加入夏威夷果仁风味糖浆和麦乳精粉。

3. 加入1份意式浓缩咖啡。

4. 加入牛奶和足够的奶泡至满杯。

5. 装饰：在奶泡上滴入巧克力糖浆，用牙签或任意尖锐物从每滴巧克力糖浆中心处划过画出图案，动作要一气呵成。

白巧克力摩卡

White Chocolate Mocha

摩卡的白巧克力版本。

＊原料

白巧克力糖浆	15～30毫升
牛奶（打发）	60毫升
奶泡	按需
意式浓缩咖啡（见35页）	
	1份（45毫升）

＊制作方法

1. 往玻璃杯中倒入白巧克力糖浆。

2. 加入牛奶（打发），再加入一些奶泡。

3. 沿着勺子的背部慢慢加入意式浓缩咖啡，做出咖啡层。

4. 再加一些奶泡至满杯。

扫码看视频

49

扫码看视频

欧蕾咖啡

Café Au Lait

　　法语Café Au Lait翻译过来就是牛奶咖啡的意思。以浓郁的滴滤咖啡制成，或如同这里所介绍的用美式咖啡混进已打发的牛奶。

＊原料

美式咖啡（见45页）或手冲黑咖啡

90～120毫升

牛奶（打发）　　　90～120毫升

＊制作方法

1. 将美式咖啡或手冲黑咖啡倒入咖啡杯中至半分满。

2. 加入同等分量的牛奶（打发）。

3. 立即奉上享用。

热柑橘咖啡

Hot Mandarin Orange

带有柑橘风味的活力清爽的摩卡咖啡。

*原料

巧克力糖浆	**15毫升**
柑橘风味糖浆	**30毫升**
意式浓缩咖啡（见35页）	
	1份（45毫升）
牛奶（打发）	**60毫升**
奶泡	**按需**

*制作方法

1. 往咖啡杯中倒入巧克力糖浆和柑橘风味糖浆。

2. 先加入1份意式浓缩咖啡，再加入牛奶（打发）。

3. 盖上足够的奶泡至满杯。

扫码看视频

热纽约芝士蛋糕咖啡

Hot New York Cheesecake

具有香滑芝士蛋糕和法式香草风味的意式浓缩咖啡饮品。

＊原料

芝士蛋糕风味糖浆	15毫升
法式香草风味糖浆	15毫升
意式浓缩咖啡（见35页）	
	1份（45毫升）
牛奶（打发）	60毫升
奶泡	按需

＊装饰

巧克力糖浆	适量

＊制作方法

1. 往咖啡杯中倒入芝士蛋糕风味糖浆和法式香草风味糖浆。

2. 加入1份意式浓缩咖啡。

3. 加入牛奶（打发）和足够的奶泡至满杯。

4. 装饰：在奶泡上滴入几滴巧克力糖浆，用牙签或任意尖锐物从每滴巧克力糖浆中心处划过画出图案，动作要一气呵成。

热提拉米苏咖啡

Hot Tiramisu

一种带有香滑的香草、巧克力和意式浓缩咖啡风味的提神饮品。

---

*原料

巧克力糖浆	**15毫升**
提拉米苏风味糖浆	**15毫升**
法式香草风味糖浆	**8毫升**
意式浓缩咖啡（见35页）	
	1份（45毫升）
牛奶（打发）	**60毫升**
奶泡	**按需**

*装饰

可可粉	**适量**
巧克力刨花	**适量**

*制作方法

1. 往咖啡杯中倒入巧克力糖浆、提拉米苏风味糖浆和法式香草风味糖浆。

2. 加入1份意式浓缩咖啡。

3. 加入牛奶（打发）和足够的奶泡至满杯。

4. 撒上可可粉，并用巧克力刨花装饰。

扫码看视频

扫码看视频

香甜拿铁

Dolce Latte

　　加入炼奶和焦糖风味糖浆的拿铁更香甜。

＊原料

炼奶	15毫升
焦糖风味糖浆	8毫升
意式浓缩咖啡（见35页）	1份（45毫升）
牛奶（打发）	60毫升
奶泡	按需

＊装饰

巧克力糖浆	适量

＊制作方法

1. 往咖啡杯中舀入炼奶。

2. 先加入焦糖风味糖浆，再加入1份意式浓缩咖啡。

3. 加入牛奶（打发）和足够的奶泡至满杯。

4. 装饰：用巧克力糖浆画出间隔0.5厘米的横线，用牙签或任意尖锐物从上到下穿过巧克力线画出间隔0.5厘米的竖线。

奶油焦糖拿铁

Crème
Caramel
Latte

这是一款兼具香草和焦糖风味，让人想起奶油蛋挞的意式浓缩咖啡饮品。

---

* 原料

焦糖风味糖浆	**8毫升**
法式香草风味糖浆	**8毫升**
牛奶（打发）	**120毫升**
奶泡	**按需**
意式浓缩咖啡（见35页）	
	1份（45毫升）

* 制作方法

1. 往咖啡杯中倒入焦糖风味糖浆和法式香草风味糖浆。

2. 加入牛奶（打发）和足够的奶泡至满杯。

3. 沿着勺子背部缓缓加入意式浓缩咖啡，做出咖啡层。

4. 再加入奶泡至满杯。

扫码看视频

冰咖啡
Iced Coffee

爱尔兰摩卡

Irish Mocha

有巧克力和爱尔兰奶油风味的意式浓缩咖啡饮品。

＊原料

巧克力糖浆	30毫升
爱尔兰奶油风味糖浆	15毫升
冻牛奶	60毫升
冰块	4～6块
意式浓缩咖啡（见35页）	
	1份（45毫升）

＊装饰

打发好的鲜奶油	适量
黄糖颗粒	适量

＊制作方法

1. 往咖啡杯中倒入巧克力糖浆和爱尔兰奶油风味糖浆。

2. 先加入冻牛奶，再加入冰块。

3. 沿着勺子背部缓缓加入意式浓缩咖啡，做出咖啡层。

4. 在表面盖上打发好的鲜奶油，再撒上黄糖颗粒。

扫码看视频

石板街

Rocky Road

一款混合了意式浓缩咖啡和巧克力的饮品，顶部撒上小棉花糖和果仁，玩味十足。

＊原料

巧克力糖浆	**30毫升**
意式浓缩咖啡（见35页）	**1份（45毫升）**
米兰巧克力风味糖浆	**15毫升**
冻牛奶	**60毫升**
冰块	**4~6块**

＊装饰

打发好的鲜奶油	**适量**
小棉花糖	**适量**
核桃碎	**适量**
巧克力糖浆	**适量**

＊制作方法

1. 装饰：舀一点巧克力糖浆沿杯壁倒入玻璃杯中，形成几条竖线。

2. 在另一个玻璃杯中把意式浓缩咖啡、30毫升巧克力糖浆、米兰巧克力风味糖浆和冻牛奶搅拌均匀。

3. 将混合物倒入事先装饰好的杯中，并加入冰块。

4. 盖上打发好的鲜奶油，撒上小棉花糖和核桃碎，浇上巧克力糖浆。

香蕉果仁拿铁

Banana Nut Latte

香蕉和澳洲坚果搭配在一起的味道，为这杯冰咖啡饮品增添了微妙却又独特的风味。

---

*原料

香蕉酒风味糖浆	15毫升
澳洲坚果风味糖浆	7~8毫升
冻牛奶	120毫升
冰块	4~6块
意式浓缩咖啡（见35页）	
	1份（45毫升）

*装饰

巧克力香蕉	1段

*制作方法

1. 把香蕉酒风味糖浆、澳洲坚果风味糖浆倒入玻璃杯中。

2. 先加入冻牛奶，再加入冰块。

3. 沿着勺子背部缓缓加入意式浓缩咖啡，做出咖啡层。

4. 用巧克力香蕉作装饰。

·小提示·

巧克力香蕉的制作方法：将香蕉去皮，并浇上融化的巧克力即可。

扫码看视频

小白兔

White Rabbit

加入白巧克力糖浆和焦糖风味糖浆，使咖啡变得甜甜的。

---

* **原料**

意式浓缩咖啡（见35页）

	1份（45毫升）
白巧克力糖浆	30毫升
焦糖风味糖浆	15毫升
冻牛奶	120毫升
冰块	4～6块

* **装饰**

打发好的鲜奶油	适量
焦糖酱	适量

* **制作方法**

1. 把意式浓缩咖啡、白巧克力糖浆、焦糖风味糖浆和冻牛奶倒入一个高身玻璃杯中，搅拌均匀。
2. 加入冰块。
3. 盖上打发好的鲜奶油，再浇上焦糖酱。

奶油山核桃拿铁

Butter Pecan and Latte

一款兼具奶油与果仁风味的意式浓缩咖啡饮品。

＊原料

融化的巧克力	**15毫升**
奶油山核桃碎	**15克**
意式浓缩咖啡（见35页）	**1份（45毫升）**
榛果风味糖浆	**15毫升**
奶油山核桃风味糖浆	**15毫升**
冻牛奶	**120毫升**
冰块	**4～6块**

＊制作方法

1. 用融化的巧克力沿玻璃杯边缘勾出线条，然后让其沾满奶油山核桃碎，静置风干。

2. 在另一个玻璃杯中将意式浓缩咖啡和榛果风味糖浆、奶油山核桃风味糖浆搅拌均匀。

3. 将冻牛奶倒入之前准备好的玻璃杯，然后加入冰块。

4. 沿着勺子背部缓缓加入意式浓缩咖啡和糖浆的混合物，形成分层效果。

扫码看视频

花生酱夹心巧克力糖拿铁

Butterfinger Latte

这是受人青睐的花生酱夹心巧克力糖拿铁。

*原料

奶油糖果风味糖浆	15毫升
花生酱风味糖浆	15毫升
冻牛奶	120毫升
冰块	4~6块
意式浓缩咖啡（见35页）	1份（45毫升）
巧克力糖浆	15毫升

*装饰

打发好的鲜奶油	适量
花生酱夹心巧克力糖碎	适量

*制作方法

1. 把奶油糖果风味糖浆和花生酱风味糖浆倒入一个鸡尾酒玻璃杯中。

2. 先加入冻牛奶，再加入冰块。

3. 沿着勺子背部缓缓加入意式浓缩咖啡和做法1的糖浆混合物，做出咖啡层。

4. 加入巧克力糖浆。

5. 盖上打发好的鲜奶油，撒上花生酱夹心巧克力糖碎。

乐家杏仁糖咖啡

Almond Roca

　　加入巧克力糖浆和乐家杏仁糖风味糖浆，使意式浓缩咖啡味道更丰富，尝起来就像那众所皆知的巧克力糖!

＊原料

巧克力糖浆	**30毫升**
乐家杏仁糖风味糖浆	**15毫升**
冻牛奶	**60毫升**
冰块	**4～6块**
意式浓缩咖啡（见35页）	**1份（45毫升）**

＊装饰

打发好的鲜奶油	**适量**
巧克力卷	**适量**

＊制作方法

1. 把巧克力糖浆和乐家杏仁糖风味糖浆倒入玻璃杯中。

2. 先加入冻牛奶，再加入冰块。

3. 加入意式浓缩咖啡，并轻轻把冻牛奶和咖啡搅拌均匀，注意不要触碰到糖浆层以免破坏分层效果。

4. 盖上打发好的鲜奶油，并用巧克力卷装饰。

甜点咖啡
Desert Coffee

伦巴摩卡

Mocha Rumba

带点朗姆酒劲儿的摩卡冰沙。

＊原料

意式浓缩咖啡（见35页）

	1份（45毫升）
冻牛奶	60毫升
朗姆酒风味糖浆	15毫升
巧克力糖浆	30毫升
糖浆（见191页）	30毫升
碎冰	1杯
可可粉	按需

＊制作方法

1. 把意式浓缩咖啡、冻牛奶、各种糖浆和碎冰一起放进搅拌器里搅拌20～30秒，直到混合物呈现细滑泥沙状。

2. 倒入高身杯中。

3. 撒上可可粉。

黑森林

Black Forest

　　尝起来就像那款很受欢迎的同名蛋糕。

---

* 原料

意式浓缩咖啡（见35页）	**1份（45毫升）**
冻牛奶	**60毫升**
樱桃风味糖浆	**15毫升**
杏仁风味糖浆	**8毫升**
巧克力糖浆	**30毫升**
糖浆（见191页）	**30毫升**
巧克力冰淇淋	**2勺**
碎冰	**3/4杯**

* 装饰

打发好的鲜奶油	**适量**
巧克力刨花	**适量**
可可粉	**适量**
酒浸樱桃	**1颗**

* 制作方法

1. 把意式浓缩咖啡、冻牛奶、各种糖浆、巧克力冰淇淋和碎冰一起放进搅拌器里搅拌20～30秒，直到混合物呈现细滑泥沙状。

2. 倒入高身杯中。

3. 盖上打发好的鲜奶油，撒上巧克力刨花。

4. 撒上可可粉，将酒浸樱桃放在顶部。

杏仁咖啡冰沙

Almond Coffee Freeze

这款饮品加入了一点意大利苦杏酒风味糖浆和杏仁精,美味极了。

* 原料

意式浓缩咖啡(见35页)	1份(45毫升)
冻牛奶	60毫升
杏仁精	2.5毫升
意大利苦杏酒风味糖浆	15毫升
糖浆(见191页)	30毫升
香草冰淇淋	2勺
碎冰	3/4杯

* 装饰

打发好的鲜奶油	适量
烤杏仁片	适量
黑巧克力曲奇饼碎	适量

* 制作方法

1. 把意式浓缩咖啡、冻牛奶、杏仁精、各种糖浆、香草冰淇淋和碎冰一起放进搅拌器里搅拌20～30秒直到混合物呈现细滑泥沙状。

2. 倒入高身杯中。

3. 盖上打发好的鲜奶油,撒上烤杏仁片。

4. 撒上黑巧克力曲奇饼碎。

焦糖拿铁

Caramel Latte

焦糖香、奶香、细滑——
集所有优点于一身的咖啡饮品。

＊原料

意式浓缩咖啡（见35页）

	1份（45毫升）
冻牛奶	80毫升
焦糖风味糖浆	15毫升
糖浆（见191页）	30毫升
香草冰淇淋	2勺
碎冰	3/4杯

＊装饰

打发好的鲜奶油	适量
焦糖酱	适量

＊制作方法

1. 把意式浓缩咖啡、冻牛奶、各种
   糖浆、香草冰淇淋和碎冰一起放
   进搅拌器里，搅拌20～30秒直到
   混合物呈现细滑泥沙状。

2. 倒入高身杯中。

3. 用打发好的鲜奶油和焦糖酱作
   装饰。

黑松露巧克力冰沙

Dark Chocolate Truffle Freeze

我个人的最爱！口感丰富而浓厚。

＊原料

意式浓缩咖啡（见35页）	1份（45毫升）
冻牛奶	60毫升
米兰巧克力风味糖浆	15毫升
巧克力糖浆	30毫升
糖浆（见191页）	30毫升
可可粉	15克
巧克力冰淇淋	2勺
碎冰	3/4杯

＊装饰

打发好的鲜奶油	适量
巧克力刨花	适量

＊制作方法

1. 把意式浓缩咖啡、冻牛奶、各种糖浆、可可粉、巧克力冰淇淋和碎冰一起放进搅拌器里搅拌20～30秒，直到混合物呈现细滑泥沙状。

2. 倒入高身杯中。

3. 盖上打发好的鲜奶油，撒上巧克力刨花。

太妃糖咖啡
Toffee Coffee

就像太妃糖那样，这款咖啡香滑油润，带点杏仁的果仁香味。

＊原料

意式浓缩咖啡（见35页）	1份（45毫升）
冻牛奶	60毫升
杏仁精	2.5毫升
奶油糖果酱	15毫升
巧克力糖浆	30毫升
糖浆（见191页）	30毫升
香草冰淇淋	2勺
碎冰	3/4杯

＊装饰

打发好的鲜奶油	适量
奶油糖果酱	适量
巧克力糖浆	适量
烤杏仁片	适量

＊制作方法

1. 把意式浓缩咖啡、冻牛奶、杏仁精、奶油糖果酱、各种糖浆、香草冰淇淋和碎冰一起放进搅拌器里，搅拌20～30秒直到混合物呈现细滑泥沙状。

2. 倒入高身杯中。

3. 盖上打发好的鲜奶油，浇上奶油糖果酱和巧克力糖浆，撒上烤杏仁片。

夏威夷果椰子冰

Macadamia Coconut Blast

椰子风味糖浆和夏威夷果仁风味糖浆的完美搭配，满满的热带风味！

＊原料

意式浓缩咖啡（见35页）

	1份（45毫升）
冻牛奶	60毫升
夏威夷果仁风味糖浆	7.5毫升
椰子风味糖浆	15毫升
糖浆（见191页）	30毫升
碎冰	1杯

＊装饰

打发好的鲜奶油	适量
烤椰子片	适量

＊制作方法

1. 把意式浓缩咖啡、冻牛奶、各种糖浆和碎冰一起放进搅拌器里搅拌20～30秒，直到混合物呈现细滑泥沙状。

2. 倒入高身杯中。

3. 盖上打发好的鲜奶油，撒上烤椰子片。

野樱桃

Wild Cherry

享受一杯带有甜蜜的樱桃和香滑的香草冰淇淋风味的意式浓缩咖啡特饮，狂野一番。

*原料

意式浓缩咖啡（见35页）	1份（45毫升）
冻牛奶	60毫升
樱桃风味糖浆	15毫升
石榴糖浆	5毫升
糖浆（见191页）	30毫升
香草冰淇淋	2勺
碎冰	3/4杯

*装饰

打发好的鲜奶油	适量
红色小糖珠	适量
酒浸樱桃	1颗

*制作方法

1. 把意式浓缩咖啡、冻牛奶、各种糖浆、香草冰淇淋和碎冰一起放进搅拌器里搅拌20～30秒，直到混合物呈现细滑泥沙状。

2. 倒入高身杯中。

3. 盖上打发好的鲜奶油，撒上红色小糖珠，最后加上酒浸樱桃。

薄荷巧克力冰沙

Mint Chocolate Chip Blast

加入香草冰淇淋，使这杯薄荷巧克力咖啡口感变得更丰富。

＊原料

意式浓缩咖啡（见35页）	1份（45毫升）
冻牛奶	60毫升
薄荷风味糖浆	15毫升
巧克力糖浆	30毫升
糖浆（见191页）	30毫升
香草冰淇淋	2勺
碎冰	3/4杯

＊装饰

打发好的鲜奶油	适量
切碎的薄荷巧克力糖	适量

＊制作方法

1. 把意式浓缩咖啡、冻牛奶、各种糖浆、香草冰淇淋和碎冰一起放进搅拌器里搅拌20～30秒，直到混合物呈现细滑泥沙状。

2. 倒入高身杯中。

3. 盖上打发好的鲜奶油，撒上切碎的薄荷巧克力糖。

Mudslide Mocha

意式浓缩咖啡与巧克力糖浆、黑巧克力曲奇饼碎的新鲜组合。

*原料

意式浓缩咖啡（见35页）	1份（45毫升）
冻牛奶	60毫升
巧克力糖浆	30毫升
糖浆（见191页）	30毫升
香草冰淇淋	2勺
碎冰	3/4杯
黑巧克力夹心曲奇饼	2块，去掉夹心

*装饰

打发好的鲜奶油	适量
黑巧克力曲奇饼碎	适量
迷你黑巧克力夹心曲奇饼	1块

*制作方法

1. 把意式浓缩咖啡、冻牛奶、各种糖浆、香草冰淇淋和碎冰一起放进搅拌器里搅拌20~30秒，直到混合物呈现细滑泥沙状。

2. 往搅拌器中加入黑巧克力曲奇饼，再开动搅拌器5~10秒。

3. 倒入高身杯中。

4. 盖上打发好的鲜奶油，撒上黑巧克力曲奇饼碎，最后加上一块迷你黑巧克力夹心曲奇饼。

棉花糖

Cotton Candy

永远讨喜且充满童趣的彩色糖珠为意式浓缩咖啡增添风味，再加入香草冰淇淋，口感更浓厚。

＊原料

意式浓缩咖啡（见35页）

	1份（45毫升）
冻牛奶	60毫升
草莓风味糖浆	15毫升
香草风味糖浆	8毫升
糖浆（见191页）	30毫升
香草冰淇淋	2勺
碎冰	3/4杯

＊装饰

打发好的鲜奶油	适量
彩色糖珠	适量

＊制作方法

1. 把意式浓缩咖啡、冻牛奶、各种糖浆、香草冰淇淋和碎冰一起放进搅拌器里搅拌20～30秒，直到混合物呈现细滑泥沙状。

2. 倒入高身杯中。

3. 盖上打发好的鲜奶油，撒上彩色糖珠。

香蕉船摩卡

Banana Split Mocha

带有一点巧克力、香草和草莓味道的意式浓缩咖啡。奶昔般的味道，集所有最火爆的冰淇淋甜品口味于一身。

*原料

意式浓缩咖啡（见35页）	1份（45毫升）
冻牛奶	60毫升
香蕉酒风味糖浆	5毫升
草莓风味糖浆	5毫升
巧克力风味糖浆	30毫升
糖浆（见191页）	30毫升
香草冰淇淋	2勺
碎冰	3/4杯

*装饰

打发好的鲜奶油	适量
核桃碎	适量
巧克力糖浆	适量
酒浸樱桃	1颗

*制作方法

1. 把意式浓缩咖啡、冻牛奶、各种糖浆、香草冰淇淋和碎冰一起放进搅拌器里搅拌20～30秒，直到混合物呈现细滑泥沙状。

2. 倒入高身杯中。

3. 盖上打发好的鲜奶油，撒上核桃碎，浇上巧克力糖浆，最后放上酒浸樱桃。

鸡尾酒咖啡
Cocktail Coffee

欢乐糖果棒

Candy Cane

意式浓缩咖啡、草莓风味糖浆、薄荷甜酒和鲜奶油的欢乐大融合。非常适合假日享用!

＊原料

薄荷甜酒	**15毫升**
草莓风味糖浆	**30毫升**
意式浓缩咖啡（见35页）	
	1份（45毫升）
冰块	**按需**

＊装饰

打发好的鲜奶油	**适量**
薄荷味糖果棒	**1根**

＊制作方法

1. 把薄荷甜酒倒入高身杯中。

2. 加入草莓风味糖浆。

3. 加入意式浓缩咖啡。

4. 加入冰块至3/4杯满。

5. 盖上打发好的鲜奶油，插上薄荷味糖果棒作装饰。

扫码看视频

榛子利口酒咖啡

Café Frangelico

　　以榛子利口酒、咖啡利口酒和鲜奶油来装饰意式浓缩咖啡。这款鸡尾酒咖啡的独特榛子风味明显就是北意大利的风味。

＊原料

咖啡利口酒	**30毫升**
液态奶油（搅打奶油）	**30毫升**
冰块	**按需**
榛子利口酒	**1份（45毫升）**
意式浓缩咖啡（见35页）	**1份（45毫升）**

＊制作方法

1. 把咖啡利口酒倒入岩杯（矮身厚平底玻璃杯）中。

2. 加入搅打过的液态奶油。

3. 加入冰块至半杯满。

4. 加入榛子利口酒。

5. 沿勺子背部缓缓加入意式浓缩咖啡，做出咖啡层。

意大利苦杏酒咖啡

Café
Amaretto

杏仁香气和风味使这杯鸡尾酒咖啡极具诱惑力。

---

*原料

咖啡利口酒	**15毫升**
芳津杏仁利口酒	**45毫升**
意式浓缩咖啡（见35页）	**1份（45毫升）**
冰块	**按需**

*装饰

打发好的鲜奶油	**适量**
酒浸樱桃	**1颗**

*制作方法

1. 把咖啡利口酒、芳津杏仁利口酒及意式浓缩咖啡倒入鸡尾酒杯中。

2. 加入冰块至3/4杯满。

3. 盖上打发好的鲜奶油，加上酒浸樱桃作装饰。

爱尔兰之吻

Irish Kiss

一款美妙的餐后饮品。

*原料

咖啡利口酒	30毫升
芳津杏仁利口酒	30毫升
冰块	按需
爱尔兰奶油利口酒	30毫升
意式浓缩咖啡（见35页）	
	1份（45毫升）

*制作方法

1. 把咖啡利口酒倒入岩杯（矮身厚平底玻璃杯）中。

2. 加入芳津杏仁利口酒。

3. 加入冰块至半杯满。

4. 加入爱尔兰奶油利口酒。

5. 沿勺子背部缓缓加入意式浓缩咖啡，做出咖啡层。

马天尼意式浓缩咖啡

Espresso Martini

　　这款美味的鸡尾酒咖啡是咖啡因和酒精的巧妙结合。

＊原料

冰块	按需
意式浓缩咖啡（见35页）	30毫升
咖啡利口酒	30毫升
伏特加酒	1份（45毫升）
爱尔兰奶油利口酒	30毫升

＊制作方法

1. 往调酒器中加入所有原料，摇大概10秒。

2. 将饮品倒入马天尼杯中即可。

香橙意式浓缩咖啡

Espresso A' Lorange

味道浓郁却又相当提神的饮品。

＊原料

香橙利口酒	**30毫升**
白兰地	**30毫升**
冰块	**按需**
意式浓缩咖啡（见35页）	
	1份（45毫升）

＊装饰

橙皮	**按需**

＊制作方法

1. 把香橙利口酒倒入岩杯（矮身厚平底玻璃杯）中。

2. 加入白兰地。

3. 加入冰块至半杯满。

4. 沿勺子背部缓缓加入意式浓缩咖啡，做出咖啡层。

5. 用橙皮装饰一下。

莫吉托意式浓缩咖啡

Espresso
Mojito

调制时加入意式浓缩咖啡，使这款著名的古巴饮品更显奔放。

＊原料

薄荷叶	**15克**
白糖	**15克**
薄荷甜酒	**8毫升**
黑朗姆酒	**1份（45毫升）**
意式浓缩咖啡（见35页）	**1份（45毫升）**
冰块	**按需**
苏打水	**少许**

＊装饰

薄荷叶	**适量**

＊制作方法

1. 把薄荷叶和白糖放入一个高身杯中。
2. 用搅拌棒挤榨薄荷叶和白糖，直至榨出薄荷汁液。
3. 加入薄荷甜酒、黑朗姆酒和意式浓缩咖啡。
4. 加入冰块至3/4杯满。
5. 加入少许苏打水。
6. 用薄荷叶稍作装饰。

奶昔

Creamsicle

鲜奶油搭配意式浓缩咖啡，味道棒极了！

＊原料

白巧克力酱	**30毫升**
香橙利口酒	**30毫升**
冰块	**按需**
意式浓缩咖啡（见35页）	**1份（45毫升）**

＊装饰

打发好的鲜奶油	**适量**
橙子片	**1片**

＊制作方法

1. 往高身杯中倒入白巧克力酱。

2. 加入香橙利口酒。

3. 加入冰块至半杯满。

4. 沿勺子背部缓缓加入意式浓缩咖啡，做出咖啡层。

5. 盖上打发好的鲜奶油，用橙子片稍作装饰。

扫码看视频

白俄意式浓缩咖啡

White Russian Espresso

这款顺滑而优雅的饮品，颇具皇家范儿。

＊原料

咖啡利口酒	**30毫升**
伏特加酒	**1份（45毫升）**
液态奶油（鲜奶油）	**1份（45毫升）**
冰块	**按需**
意式浓缩咖啡（见35页）	**1份（45毫升）**

＊制作方法

1. 把咖啡利口酒倒入岩杯（矮身厚平底玻璃杯）中。

2. 加入伏特加酒和液态奶油。

3. 加入冰块至半杯满。

4. 沿勺子背部缓缓加入意式浓缩咖啡，做出咖啡层。

卡布奇诺马天尼

Cappuccino Martini

制作这款鸡尾酒的灵感来源于一位挚友的礼物—— 歌帝梵卡布奇诺利口酒。

＊原料

巧克力麦芽粉	按需
冰块	按需
意式浓缩咖啡（见35页）	1份（45毫升）
卡布奇诺利口酒	15毫升
伏特加酒	1份（45毫升）
淡奶油（半脂奶油）	15毫升
糖浆（见191页）	15毫升

＊制作方法

1. 在马天尼杯的边缘沾上一些巧克力麦芽粉。

2. 在调酒器中加入冰块、意式浓缩咖啡、卡布奇诺利口酒、伏特加酒、淡奶油和糖浆，摇晃大概10秒。

3. 将饮品倒入准备好的马天尼杯即可。

品一口甜点，呷一口咖啡！

$$\left[\; Part\ 2 \;\right]$$

甜点

曲奇
Cookies

巧克力曲奇

Chocolate Chip Cookies

这是目前为止我保守得最好的秘密之一！这种曲奇的配方非常多，但经过多次试验，这种配方是我最喜欢的。尽情享受吧！

＊本配方大概能做36块曲奇。

＊原料

黄油	225克
白糖	200克
黑糖	225克
鸡蛋	2个
香草精	5毫升
面粉（多用途面粉）	320克
苏打粉	5克
盐	5克
半甜的巧克力碎	360克

＊制作方法

1. 在搅拌碗中把黄油和白糖一起搅打。

2. 将鸡蛋逐个加入，直至完全混合。

3. 混入香草精。

4. 在另一个碗中把面粉、苏打粉和盐搅拌均匀，把面粉混合物逐量加入黄油混合物中，直至混合均匀。

5. 以切拌方式拌匀半甜的巧克力碎。

6. 把面团放入密封容器内，冷藏至少1小时或过夜。

7. 预热烤箱至190℃。从冰箱取出面团，室温放置15~20分钟。

8. 烤盘上铺上油纸。

9. 用一个小冰淇淋勺（2汤匙/30毫升）舀出面团放在铺好油纸的烤盘上，每个面团间隔5厘米。

10. 烤9~12分钟，或直至边缘稍呈金黄色，而中间仍稍软。

11. 食用前先摊凉大约5分钟。室温下存放在密封容器内可保存4天。

白巧克力夏威夷果仁曲奇

White Chocolate Macadamia Cookies

我第一次尝到这款曲奇是在加州烹饪学院当学生的时候。那时候这款曲奇是加州很多咖啡店的主打。如果可以的话，最好能用嘉利宝白巧克力。

＊本配方大概能做30块曲奇。

＊**原料**

黄油	225克
白糖	100克
黄糖	337克
鸡蛋	2个
香草精	5毫升
玉米糖浆	15毫升
面粉（多用途面粉）	360克
苏打粉	5克
盐	5克
白巧克力	315克，切碎
夏威夷果仁	215克，切碎

＊**制作方法**

1. 用电动搅拌器低速搅打黄油、白糖和黄糖，直至混合均匀。

2. 加入鸡蛋。

3. 混入香草精和玉米糖浆。

4. 在另一个碗中把面粉、苏打粉和盐搅拌均匀，逐量加入到黄油混合物中，直至混合均匀。

5. 以切拌方式拌匀白巧克力和夏威夷果仁。

6. 把面团密封并冷藏至少1小时或过夜。

7. 预热烤箱至190℃，烤盘上铺上油纸。

8. 用一个小的冰淇淋勺（2汤匙/30毫升）舀出面团放在铺好油纸的烤盘上，每个面团间隔5厘米。

9. 烤9~11分钟，或直至呈金黄色，而中间仍稍软。

10. 食用前把曲奇放到晾网上摊凉。室温下存放在密封容器内可保存4天。

巧克力裂纹饼

Chocolate Crinkles

这款曲奇外脆内润，是很受欢迎的圣诞节小礼物。它们起初是滚满糖粉的小球，最后变成顶部裂开的巧克力点心。

＊本配方大概能做30块曲奇。

＊原料

原料	用量
植物油	**112.5毫升**
白糖	**125克**
鸡蛋	**3个**
香草精	**5毫升**
面粉（多用途面粉）	**240克**
可可粉	**56克**
苏打粉	**5克**
糖霜（糖粉）	**120克**

＊制作方法

1. 用电动搅拌器混合植物油和白糖。

2. 混入鸡蛋和香草精。

3. 在另一个碗中把面粉、可可粉和苏打粉搅拌均匀，逐量加入到液体混合物中，直至混合均匀。

4. 把面团密封并冷藏至少1小时或过夜。

5. 预热烤箱至190℃，烤盘上铺上油纸。

6. 把面团搓成直径为1.5厘米的小球，并滚满糖霜。

7. 将小球放在铺好油纸的烤盘上，每个面团间隔5厘米。

8. 烤10～12分钟或直至曲奇膨胀、顶部裂开。曲奇中间软，看起来像没做好的。摊凉的时候内部的热力会继续烤，这样会使曲奇外脆内润，有嚼劲。

9. 食用前把曲奇充分摊凉。室温下存放在密封容器内可保存4天。

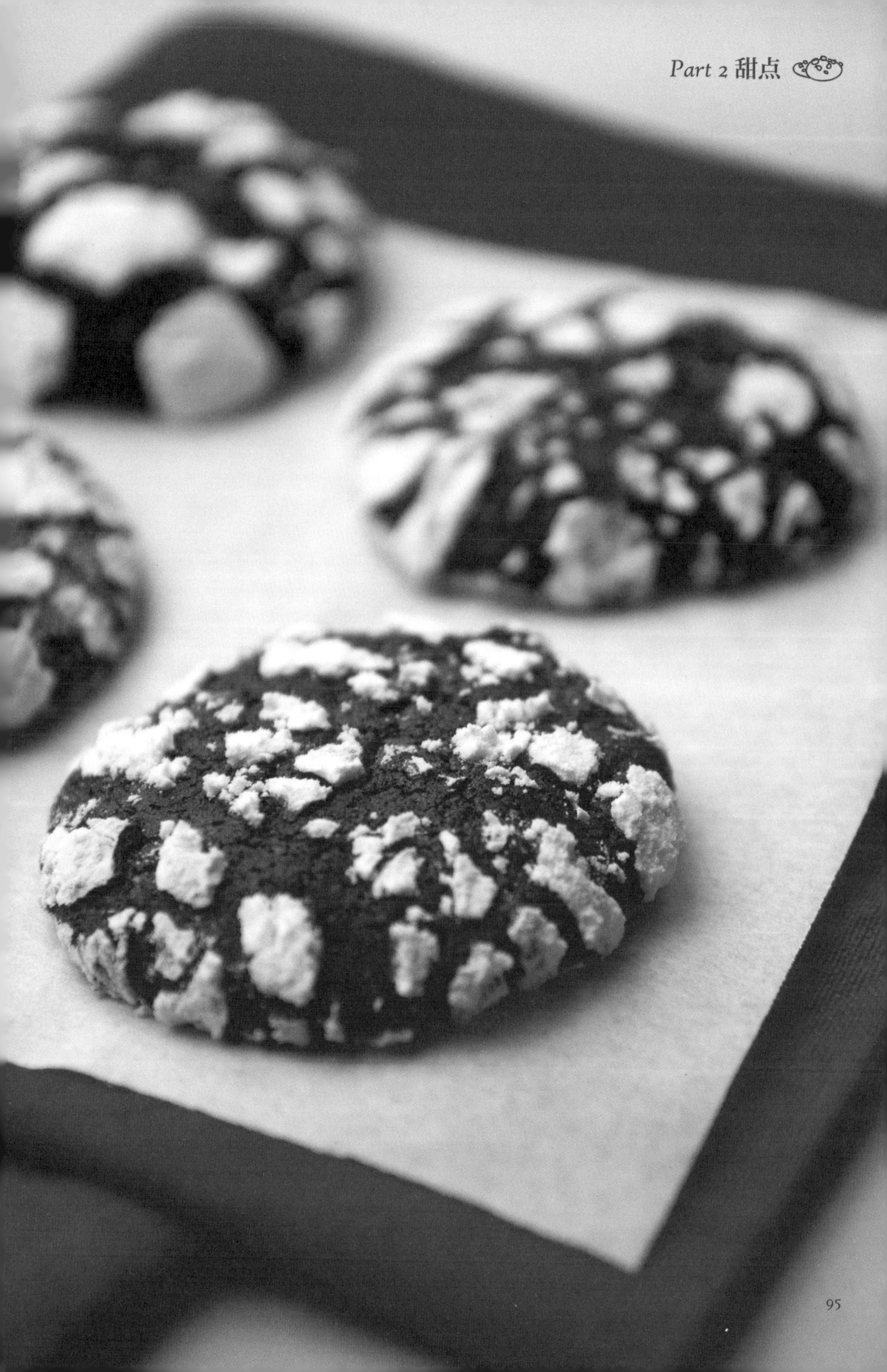

糖霜曲奇

Sugar Cookies

一个面团可以做出多种形态各异、大小不一的曲奇，把它们浸入色彩缤纷的蛋白糖霜里会更添趣味。

＊本配方大概能做50块曲奇原料。

＊原料

黄油	112.5克
白糖	200克
鸡蛋	1个
香草精	5毫升
盐	1.5克
面粉（多用途面粉）	240克
苏打粉	2.5克
肉桂粉	1.5克

蛋白糖霜

糖霜（糖粉）	480克
蛋清	2个
食物色素	适量

＊制作方法

1. 用电动搅拌器中速搅打黄油和白糖至稀松状。

2. 混入鸡蛋和香草精。

3. 在另一个碗中一起筛入面粉、盐、苏打粉和肉桂粉，将其逐量加入到黄油混合物中，低速搅打直至形成面团。

4. 把面团放在圆盘中压平并用保鲜膜封住，冷藏1小时。

5. 在数个烤盘上铺上油纸，放一边备用。

6. 在台面上铺上油纸并撒上一点面粉（原料外）。把冷藏过的面团擀成0.5厘米厚，有需要时撒上面粉（原料外）防粘。把面团放在曲奇盘上冷冻15分钟。

7. 预热烤箱至160℃。

8. 从冰箱里取出面团，立即用各式模具切开，放在烤盘上。

9. 烤15～20分钟或直至曲奇边缘呈金黄色，中途旋转托盘。做装饰前把曲奇放在网架上完全彻底摊凉。

10. 准备蛋白糖霜：低速搅打5～8分钟以混合糖霜和蛋清。把牙签顶端浸入食物色素并混入糖霜中直至达到所要的颜色。

11. 开始装饰：把曲奇的一面浸入蛋白糖霜中，刮去多余的并抹平。让蛋白糖霜稍稍放置再作修饰。

12. 彻底干透后方可食用。室温下存放在密封容器内可保存4天。

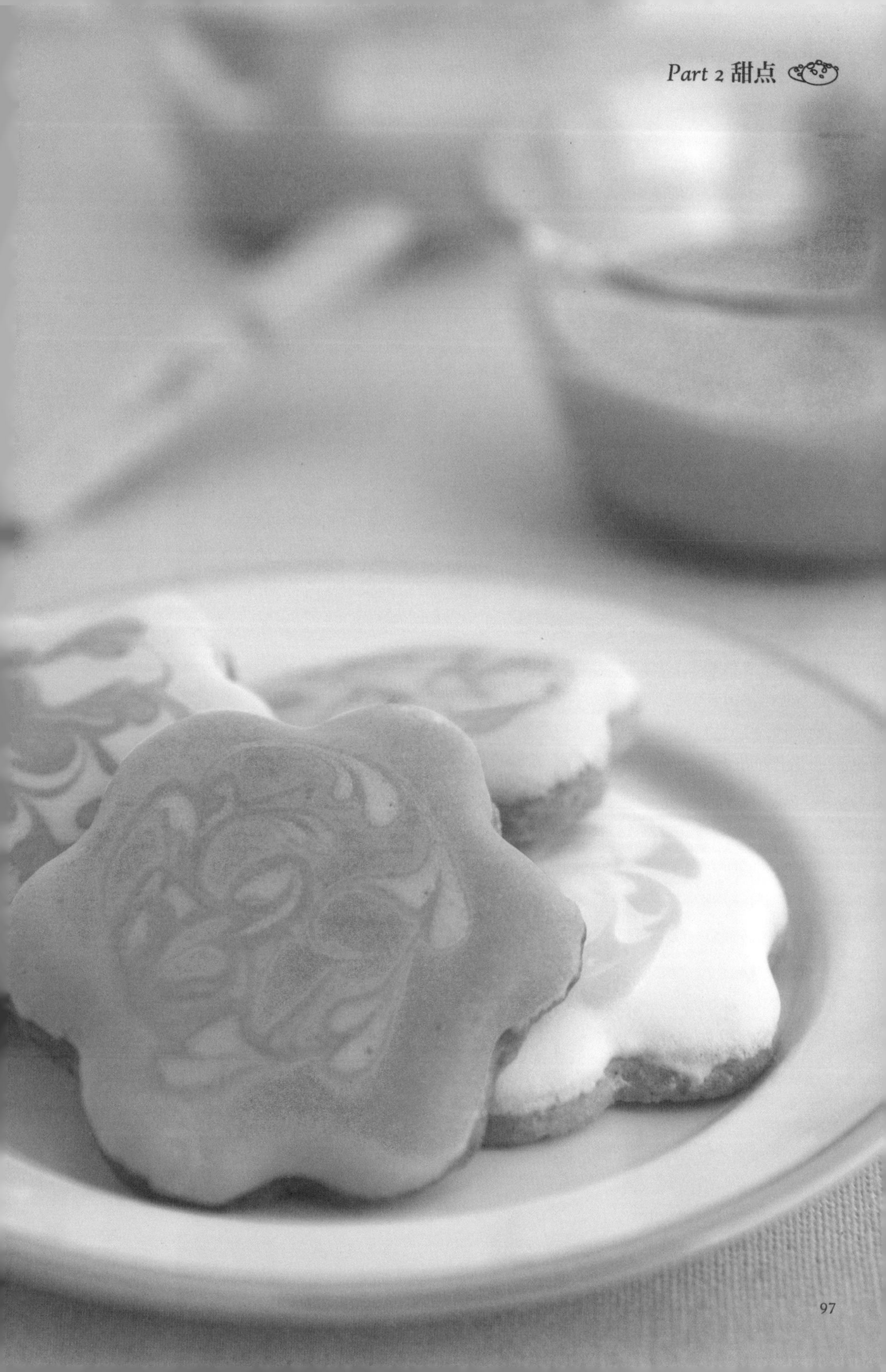

意大利杏仁脆饼

Almond Biscotti

清新松脆，热咖啡的最佳搭配。

＊本配方大概能做24块。

＊原料

原粒杏仁	112.5克
黄油	112.5克
白糖	150克
鸡蛋	2个
香橙精	10毫升
橙皮碎	取自1个
杏仁精	10毫升
面粉（多用途面粉）	360克
盐	2.5克
苏打粉	10克
面包碎	约114克

＊制作方法

1. 预热烤箱至160℃。

2. 把原粒杏仁放在烤盘上烤5～10分钟直至金黄色，摊凉。

3. 用电动搅拌器搅打黄油和白糖至稀松状。

4. 混入鸡蛋、香橙精、橙皮碎和杏仁精。

5. 在另一个碗中混合面粉、盐、苏打粉和面包碎，将其逐量加入到黄油混合物中。

6. 以切拌方式把原粒杏仁加入面团中。

7. 把面团移至撒了一些面粉（原料外）的台面上，揉至光滑且不太粘。

8. 把面团整形，整成15厘米宽和2.5厘米厚。根据烤盘大小擀开面团，30～40厘米即可。

9. 烤35～40分钟或直至面皮周边呈金黄色。

10. 稍稍摊凉后用一把大而锋利的刀把面皮切成1厘米厚的面片。

11. 把面片平铺在烤盘上再烤15～20分钟直至呈现金棕色。

12. 食用前把饼干移至网架上摊凉。室温下存放在密封容器内可保存7天。

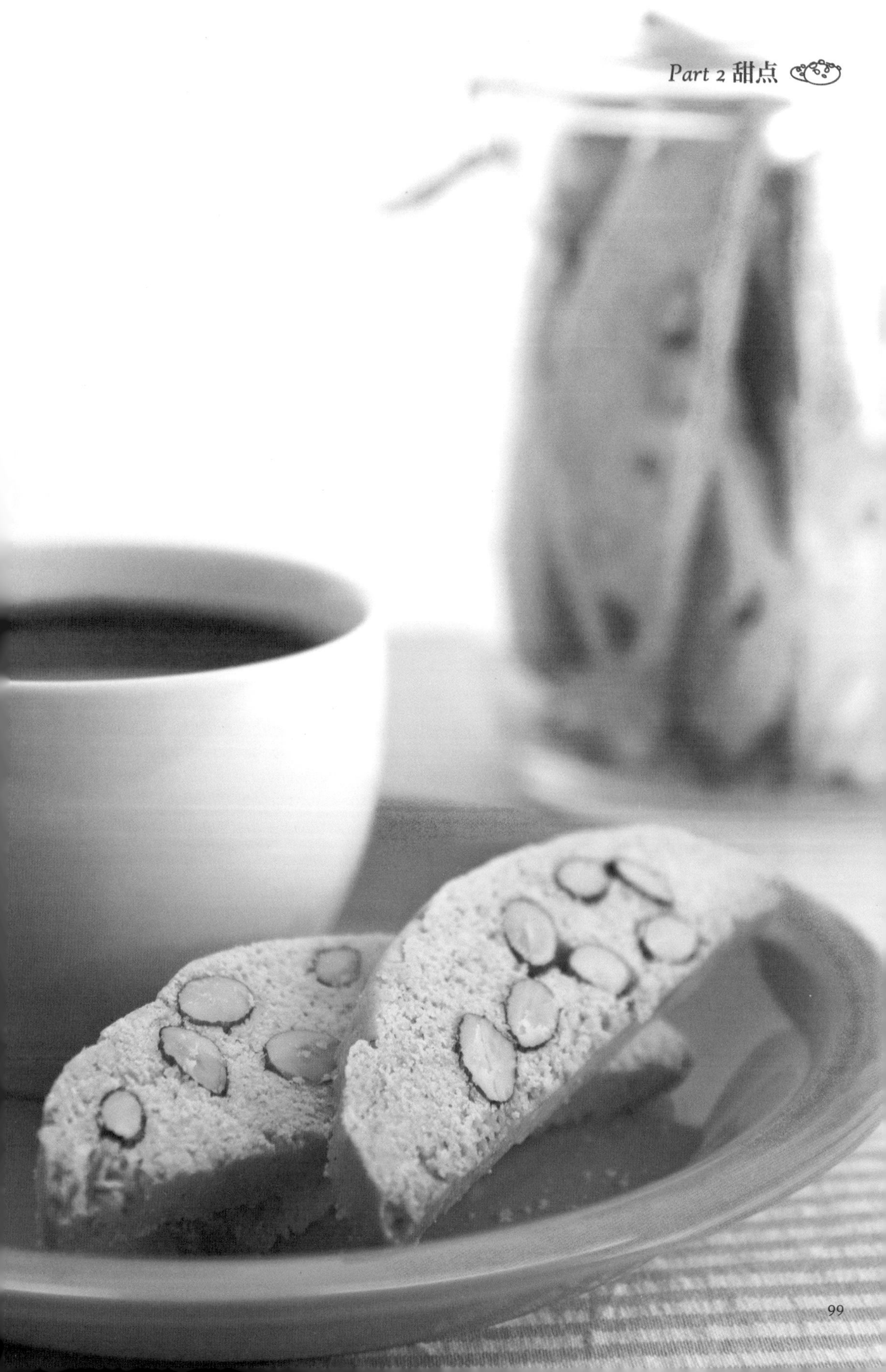

花生酱曲奇

Peanut Butter Cookies

把你最爱的瓶装花生酱变成这种有嚼劲的曲奇。加入一些花生粒更添风味，口感更佳。

＊本配方大概能做24块曲奇。

＊原料

黄油	150克，切成方块并软化
白糖	100克
黄糖	225克
花生酱	112.5克
鸡蛋	1个
香草精	5毫升
面粉（多用途面粉）	200克
苏打粉	5克
盐	2.5克
花生	142克，略切

＊制作方法

1. 预热烤箱至180℃。

2. 烤盘上铺好油纸。

3. 用电动搅拌器搅打黄油、白糖和黄糖至稀松状。

4. 混入花生酱。

5. 混入鸡蛋和香草精，降至低速搅打。

6. 在另一个碗中放入已过筛的面粉、苏打粉和盐，将其以切拌方式逐量加入到黄油混合物中。

7. 加入花生混合均匀。

8. 用一个小的冰淇淋勺（2汤匙/30毫升）把面团舀入铺好油纸的烤盘上，每个面团间隔大约5厘米。

9. 烤8～10分钟，中途旋转烤盘，直至曲奇呈现裂开但中间软的状态。

10. 食用前先摊凉5分钟，再移到网架上彻底摊凉。室温下存放在密封容器内可保存3天。

树莓酱夹心曲奇

Raspberry Sandwich Cookies

夹入甜甜树莓酱的黄油曲奇，这样讨喜的点心最好是在享用之前才抹上果酱。

*本配方大概能做10块夹心曲奇。

*原料

黄油	约169克，切成方块
白糖	250克
鸡蛋	1个
香草精	5毫升
面粉（多用途面粉）	200克
苏打粉	5克
盐	1.5克
树莓酱	240克

*制作方法

1. 预热烤箱至180℃。

2. 烤盘上铺好油纸。

3. 用电动搅拌器中速搅打黄油、白糖和黑糖至轻盈稀松状。

4. 混入鸡蛋和香草精。

5. 在另一个碗中筛入面粉、苏打粉和盐，将其逐量加入到黄油混合物中，低速搅打至细滑状。

6. 用一个小的冰淇淋勺（2汤匙/30毫升）把面团舀入铺好油纸的烤盘上，每个面团间稍稍隔开。

7. 烤8~10分钟，直至曲奇呈金黄色。

8. 放在网架上摊凉。

9. 在一块曲奇上抹上大约1汤匙树莓酱，然后夹上另一块曲奇。重复上述步骤直至涂完所有曲奇。

10. 室温下存放在密封容器内可保存3天。

燕麦葡萄干曲奇

Oatmeal Raisin Cookies

这是一款边缘香脆、中间有嚼劲的曲奇。其中的秘诀是黑糖，它能使曲奇几天内都保持松软而美味。

＊本配方大概能做36块曲奇。

＊原料

原料	用量
黄油	225克，切成方块，室温放置
白糖	100克
黑糖	337.5克
鸡蛋	2个
香草精	15毫升
面粉（多用途面粉）	240克
燕麦片	315克
苏打粉	5克
葡萄干	270克

＊制作方法

1. 用电动搅拌器中速搅打黄油、白糖和黑糖至混合均匀，大约2分钟。

2. 逐个放入鸡蛋。

3. 放入香草精。

4. 在另一个碗中搅拌面粉、燕麦片和苏打粉，将其逐量加入到黄油混合物中混合均匀。

5. 以切拌方式加入葡萄干。

6. 密封并冷藏面团至少1小时直至呈硬实状。

7. 预热烤箱至190℃。

8. 烤盘上铺好油纸。

9. 用一个小的冰淇淋勺（2汤匙/30毫升）把面团舀入铺好油纸的烤盘上，每个面团间隔6厘米。

10. 烤9～12分钟，直至曲奇呈金棕色但中间仍松软。

11. 食用前把曲奇移到网架上摊凉。室温下存放在密封容器内可保存4天。

深黑巧克力曲奇

Deep Dark Chocolate Cookies

一款让所有巧克力迷上瘾的点心。加入巧克力块使这款深黑巧克力曲奇口感更丰富。

＊本配方大概能做30块曲奇。

＊原料

半甜巧克力	225克，90克切碎，135克切块
黄油	112.5克，切成方块
白糖	250克
鸡蛋	2个
香草精	5毫升
面粉（多用途面粉）	120克
可可粉	56克
苏打粉	2.5克
盐	2.5克

＊制作方法

1. 在双层蒸锅中把切碎的巧克力（90克）和黄油融化。

2. 用电动搅拌器中速搅打白糖、鸡蛋、香草精至混合均匀。

3. 降至低速搅打，加入已融化的巧克力混合物。

4. 在另一个碗中搅拌面粉、可可粉、苏打粉和盐，将其逐量加入到巧克力混合物中混合均匀。

5. 以切拌方式加入巧克力块（135克）。

6. 如果面团太软，密封并冷藏至少1小时。

7. 预热烤箱至180℃，烤盘上铺好油纸。

8. 用一个小的冰淇淋勺（2汤匙/30毫升）把面团舀入铺好油纸的烤盘上，每个面团间隔5厘米。

9. 烤10～12分钟，直至曲奇表面裂开但中间仍松软。烘焙中途旋转烤盘。

10. 让曲奇在烤盘上摊凉10分钟。

11. 食用前把曲奇移到网架上彻底摊凉。室温下存放在密封容器内可保存3天。

山核桃花边曲奇

Pecan Lace Cookies

警告：这种松脆、香浓、有滋味、入口即化的曲奇很容易让人欲罢不能！但不用担心，因为做法就是那么简单！

＊本配方大概能做24块曲奇。

＊原料

黄油	75克，融化
玉米糖浆	30毫升
液态奶油（搅打奶油）	30毫升
香草精	5毫升
面粉（多用途面粉）	60克
苏打粉	2.5克
白糖	100克
山核桃	60克，切碎

＊制作方法

1. 预热烤箱至190℃。

2. 给数个烤盘刷上油（原料外）。

3. 用电动搅拌器混合黄油、玉米糖浆、液态奶油和香草精。

4. 在另一个碗中搅拌面粉、苏打粉、白糖和切碎的山核桃。将其加入到黄油混合物中，搅拌至光滑状。

5. 舀1汤匙面团搓成小球擀成薄片，放在刷了油的烤盘上。重复制作更多的曲奇，每个曲奇间隔8厘米。烘烤时薄片会展开。

6. 烤6～8分钟，直至曲奇呈金黄色。

7. 将曲奇放在烤盘上摊凉。如果曲奇中间仍稍松软，则把它们回炉再多烤1～2分钟使其松脆。

8. 室温下存放在密封容器内可保存3天。

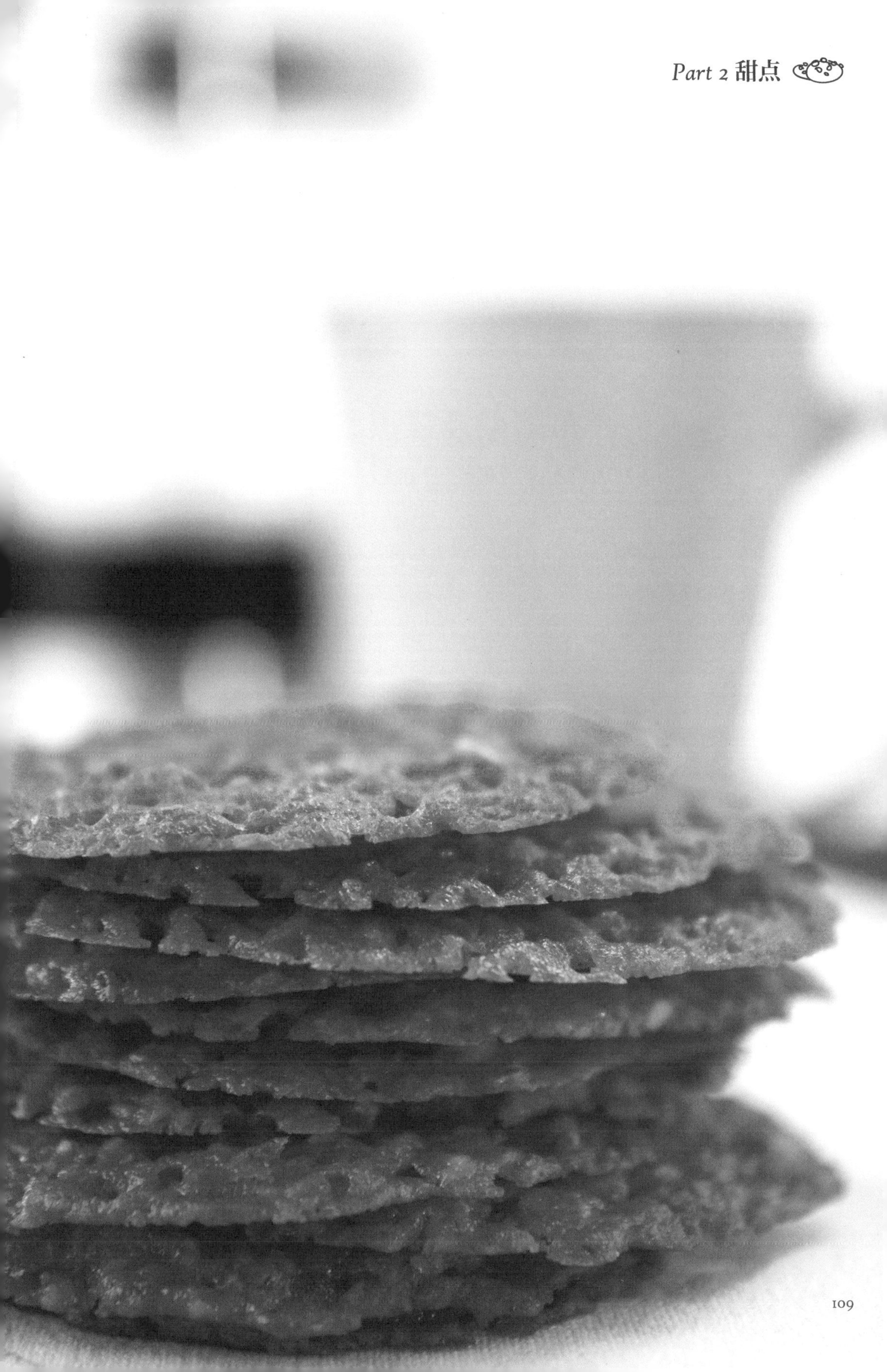

布朗尼及糕点条
Brownies and Bars

柠檬方块

Lemon Squares

这是最广为流传和受欢迎的一个版本。一定要预先烤好酥皮，做出松脆、层次分明的口感。

＊本配方大概能做24块。

＊原料

酥皮

黄油	225克，切方块
糖霜（糖粉）	60克
面粉（多用途面粉）	240克

馅

鸡蛋	4个
白糖	250克
柠檬汁	80毫升
柠檬皮	15克，磨碎
面粉	60克
泡打粉	5克

＊制作方法

1. 预热烤箱至180℃。

2. 在20×30厘米的烤盘刷上油（原料外）。

3. 准备酥皮。在食物料理机内混合黄油、糖霜和面粉，开动机器直至混合物呈粗粉状。再开动几次直至刚好形成一个球状。

4. 把面团压入准备好的烤盘中，烤15~20分钟至金黄色。

5. 准备馅。用电动搅拌器把鸡蛋和白糖一起搅打至颜色变浅。加入柠檬汁、柠檬皮、面粉和泡打粉，低速混合。

6. 把混合物倒在酥皮上，烤20分钟。

7. 关火让酥条在烤炉里放置10分钟。

8. 切成5×5厘米大小的方块，撒上糖霜（原料外）。

9. 室温下存放在密封容器内可保存2天，冷藏可保存更久。

斑马纹布朗尼

Zebra Brownies

这款布朗尼口感丰富，正好与清淡的奶油芝士相配。就算它那独特的外型设计不能吸引你上前咬一口，你也终究无法抵挡那美味的诱惑。

* 本配方大概能做16块。

*原料

奶油芝士面糊

奶油芝士	56.25克，软化
黄油	30克
白糖	30克
鸡蛋	1个
香草精	2.5毫升
面粉（多用途面粉）	15克

布朗尼面糊

黄油	225克，融化
半甜巧克力	120克，切碎
可可粉	56克
白糖	200克
鸡蛋	4个
香草精	5毫升
面粉	120克

*制作方法

1. 预热烤箱至180°C，把油纸铺在20×20厘米的烤盘上，四周留出5厘米的延伸部分。用油（原料外）刷一下烤盘底部和周边。

2. 准备奶油芝士面糊。用电动搅拌器把奶油芝士、黄油和白糖混合至细滑状，再混入鸡蛋、香草精和面粉。放在一旁备用。

3. 同时，准备布朗尼面糊。把黄油、半甜巧克力和可可粉一起放在一个耐热的碗中隔水慢火加热融化，偶尔搅拌直至融化并呈细滑状。离火。

4. 在另一个碗中逐量加入白糖、鸡蛋和香草精，混合搅拌至白糖溶解，再拌入巧克力混合物。

5. 逐量加入面粉，搅拌至刚好呈细滑状，不要过分搅拌。

6. 把布朗尼面糊倒入准备好的烤盘中。

7. 把奶油芝士面糊倒入带装有圆嘴的裱花袋中。在面糊上每隔大约2.5厘米挤出线条。用牙签每隔2.5厘米向上向下交替画出横线做出造型。

8. 烤30～35分钟，或者烤到所插入蛋糕中心的蛋糕测试探针或针状物拔出时带点湿润。不要过度烘烤。

9. 完全摊凉后切成5×5厘米的方块。

10. 室温下存放在密封容器内可保存2天，冷藏可保存更久。

最好吃的布朗尼

Best Gooey Brownies

　　我试过很多布朗尼的不同配方，但总是差了点什么似的。现在我终于找到合适的原料配比了。做出完美的软糯布朗尼的关键就是不要烤透。在完全烤熟之前就把它们拿出烤箱。

＊本配方大概能做16块。

＊原料

黄油	**169克**
无糖巧克力	**135克，切碎**
白糖	**350克**
鸡蛋	**3个**
香草精	**10毫升**
面粉（多用途面粉）	**120克**
盐	**1.5克**

＊制作方法

1. 预热烤箱至180℃，在一个20×20厘米的烤盘上刷一点油（原料外）。

2. 把黄油和无糖巧克力混合在一起，放入中碗，隔水慢火加热，偶尔搅拌直至完全融化。离火。

3. 在另一个碗中把白糖和巧克力混合物搅拌均匀。

4. 将鸡蛋逐个加入，再加入香草精。

5. 逐量加入面粉和盐，混合至细滑状。

6. 把面糊倒入准备好的烤盘中。

7. 烤30～35分钟，或烤到所插入蛋糕中心的蛋糕测试探针或针状物拔出时带点湿润。不要过度烘烤。

8. 完全摊凉后切成5×5厘米的方块。

9. 室温下存放在密封容器内可保存2天，冷藏可保存更久。

上帝的甜点

Food for the Gods

这款点心在其他地方被称为海枣核桃蛋糕条，关于它的做法，有很多版本，但我保证我的方子绝对值得尝试。

＊本配方大概能做30块。

＊原料

黄油	225克，切方块
白糖	100克
黄糖	338克
鸡蛋	3个，大的
香草精	5毫升
海枣	1杯，去核并切碎
核桃	120克，切碎
面粉（多用途面粉）	150克
泡打粉	2.5克
苏打粉	2.5克
盐	1.25克

＊制作方法

1. 预热烤箱至180°C，在一个20×30厘米的烤盘上抹上油，撒上粉（均原料外）。

2. 在一个炖锅里用中火融化黄油，加入白糖和黄糖混合均匀。

3. 离火。

4. 逐个放入鸡蛋，每次放入后都搅打均匀。

5. 混入香草精。

6. 以切拌方式加入海枣和核桃。

7. 在另一个碗中把面粉、泡打粉、苏打粉和盐搅拌均匀。逐量加入到黄油混合物中，搅拌均匀。不要过分搅拌，否则蛋糕条会硬。

8. 把面糊倒入准备好的烤盘中。烤35～40分钟，或直到所插入蛋糕中心的蛋糕测试探针或针状物拔出时干净但不干燥。

9. 完全摊凉后切成4×5厘米的条状。

10. 室温下存放在密封容器内可保存2天，冷藏可保存更久。

芒果核桃酥条

Mango Walnut Bars

这个食谱和柠檬方块（见111页）类似，但芒果干使这款简单却美味的酥条更添风味，更有嚼劲，核桃则让味道锦上添花。

★ 本配方大概能做24块。

★ 原料

酥皮

面粉（多用途面粉）	240克
糖霜（糖粉）	60克
黄油	225克，切方块

馅

水	240毫升
芒果干	210克
面粉（多用途面粉）	30克
苏打粉	5克
盐	1.25克
鸡蛋	2个
白糖	50克
黄糖	169克
香草精	5毫升
核桃	150克，切碎

★ 制作方法

1. 预热烤箱至180℃，在20×30厘米的烤盘刷上油（原料外）。

2. 准备酥皮：在食物料理机内混合面粉和糖霜。加入黄油，再启动机器直至搅成一个软面团。

3. 把面团均匀压入准备好的烤盘中，烤15～20分钟直至面团呈金黄色。

4. 同时准备馅。用一小炖锅烧开水，加入芒果干煮10分钟直至变软，沥干并用食物料理机大致搅碎。

5. 在一个碗中把面粉、苏打粉和盐搅拌均匀。

6. 在另一个碗中，将鸡蛋、白糖和黄糖混合均匀。

7. 混入香草精和芒果干。

8. 加入面粉混合物，搅拌至刚好均匀。

9. 把芒果混合物倒在烤过的酥皮上并铺平，把核桃撒在面上。

10. 烤30～35分钟直至中心凝固但不硬。不要过度烘烤。

11. 彻底摊凉后切成5×5厘米大小的方块。

12. 室温下存放在密封容器内可保存2天，冷藏可保存更久。

草莓黄油末酥条

Strawberry Streusel Bars

Streusel字面上就是"散落的东西"的意思，正是这款草莓黄油末酥条的做法——在松脆的酥饼上撒上香脆的配料。

＊本配方大概能做30块。

＊原料

酥皮

黄油	225克，切方块
糖霜（糖粉）	60克
面粉（多用途面粉）	240克

黄油末

黄油	75克，切方块
白糖	100克
面粉（多用途面粉）	120克

其他

草莓馅	1罐（595克）

＊**制作方法**

1. 预热烤箱至180℃，在20×30厘米的烤盘刷上油（原料外）。

2. 准备酥皮。在食物料理机内混合黄油、糖霜和面粉，开动机器直至混合物呈粗粉状。再启动几次直至刚好形成一个球状。

3. 把面团压入准备好的烤盘中，烤15～20分钟至金黄色。从烤箱中取出并摊凉5分钟。

4. 把草莓馅抹在烤过的酥皮上。

5. 准备黄油末。用食物料理机把黄油、白糖和面粉混合均匀，开动机器直至成品刚好呈松脆状。

6. 把黄油末撒在草莓馅上，再烤20分钟。

7. 彻底摊凉后切成4×5厘米大小的条状。

8. 室温下存放在密封容器内可保存2天，冷藏可保存更久。

石板街布朗尼

Rocky Road Brownies

尽情地享用吧！这款石板街布朗尼的名字是从巧克力和棉花糖这个无敌组合中获得的灵感。

＊本配方大概能做16块。

＊原料

黄油	225克
无糖巧克力	240克，切碎
白糖	600克
鸡蛋	5个
香草精	10毫升
面粉（多用途面粉）	210克
盐	5克
迷你棉花糖	2杯
核桃	120克，切碎
半甜巧克力碎	90克

＊制作方法

1. 预热烤箱至180°C，在20×30厘米的烤盘刷上油（原料外）。

2. 在一个耐热碗中把黄油和无糖巧克力一起隔水慢火加热融化。离火并放置一边。

3. 用电动搅拌器中速搅打白糖、鸡蛋和香草精，降至低速并混入融化了的黄油巧克力混合物。

4. 慢慢加入面粉和盐，混合至刚好均匀。

5. 把面糊倒入准备好的烤盘中。

6. 烤大约30分钟直至周边干面中间仍松软。

7. 把布朗尼从烤箱中取出，在表面铺上迷你棉花糖和核桃。再烤5分钟直至棉花糖膨胀。在烤盘中彻底摊凉。

8. 在一个耐热碗中隔水慢火加热半甜巧克力碎。用汤匙舀起融化了的巧克力浇在布朗尼上。

9. 冷藏15分钟或直至巧克力凝固，切成5×8厘米大小的条状。

10. 室温下存放在密封容器内可保存2天，冷藏可保存更久。

树莓杏仁蛋白条

Raspberry Almond Meringue Bars

轻咬一口，即可感受甜点丰富的质感与风味，太美好了！

＊本配方大概能做24块。

＊原料

黄油	225克
白糖	200克
蛋黄	3个
香草精	5毫升
面粉（多用途面粉）	240克
苏打粉	2.5克
盐	1.5克
树莓酱	240毫升
杏仁片	22.5克

蛋白糖霜

蛋白	3个
白糖	67克

＊制作方法

1. 预热烤箱至180°C，在20×30厘米的烤盘刷上油（原料外）。

2. 用电动搅拌器中速搅打黄油和白糖直至呈稀松状。

3. 混入蛋黄和香草精。

4. 在另一个碗中搅拌面粉、苏打粉和盐。逐量加入黄油混合物直至形成一个软面团。

5. 把面团均匀压入准备好的烤盘中，在面团上均匀抹上树莓酱。

6. 准备蛋白糖霜。在一个干净的搅拌碗中高速搅拌蛋白直至起泡。逐量加入白糖，继续搅打直至混合物变成能拉出坚挺而光滑尖勾的蛋白糖霜，需时约5分钟。

7. 把蛋白糖霜均匀铺在树莓酱上，再把杏仁片撒在表面。

8. 烤20～25分钟或直至蛋白糖霜呈金棕色。

9. 彻底摊凉后切成5×5厘米大小的方块。

10. 室温下存放在密封容器内可保存2天，冷藏可保存更久。

巧克力焦糖蛋糕条

Chocolate Caramel Bars

软糯的焦糖馅和香浓的巧克力结合在一起，就是有着某种特质，让这款点心风靡一时。最佳品尝时机就是巧克力硬的时候，每口都有嚼劲。

＊本配方大概能做24块。

＊原料

布朗尼基底

黄油	225克，切方块
可可粉	56克
白糖	400克
鸡蛋	2个
香草精	5毫升
面粉（多用途面粉）	180克

焦糖馅

黄油	150克
黄糖	56克
玉米糖浆	30毫升
炼奶	320毫升

巧克力淋面

黑巧克力	180克，切碎
植物油	15毫升

＊制作方法

1. 预热烤箱至180℃，在20×30厘米的烤盘刷上油（原料外）。

2. 准备布朗尼基底。在小炖锅里小火加热混合黄油和可可粉，一直搅拌直至呈细滑状。离火。

3. 加入白糖。

4. 将鸡蛋逐个加入，然后加入香草精。

5. 加入面粉混合至刚好均匀。

6. 把面糊倒入准备好的烤盘中，烤18~20分钟，或直至所插入蛋糕中心的蛋糕测试探针或针状物拔出时松软但不湿。从烤箱拿出来并摊凉。

7. 同时准备焦糖馅。在小炖锅里加热黄油、黄糖、玉米糖浆和炼奶，一直搅拌直至变浓稠和呈焦糖色，需时约30分钟。

8. 立即把焦糖馅倒在烤好的布朗尼基底上并用刮铲或汤匙均匀铺平，或把烤盘在桌面上轻叩。冷藏至少1小时或直至焦糖馅变硬。

9. 准备巧克力淋面。在一个耐热碗中隔水加热融合黑巧克力和植物油，搅拌直至呈细滑状。

10. 把巧克力淋面铺在凝固的焦糖层上。冷藏直至巧克力凝固。

11. 切成5×5厘米大小的方块。

12. 室温下存放在密封容器内可保存3天，冷藏可保存更久。

黄油糖果蛋糕条

Butterscotch Bars

如果想吃点有嚼劲的东西，那就尝尝这款蛋糕条吧。可根据你对蛋糕条颜色的偏好，选用黄糖或黑糖。

*本配方大概能做30块。

*原料

黄油	225克，切方块
黄糖	394克
鸡蛋	3个
香草精	5毫升
面粉（多用途面粉）	150克
苏打粉	2.5克
盐	1.25克
腰果仁	143克，切碎

*制作方法

1. 预热烤箱至180°C。在20×30厘米的烤盘抹上油，撒上粉（均原料外）。

2. 在一个中型炖锅里小火融化黄油。

3. 加入黄糖并搅拌均匀。离火。

4. 逐个放入鸡蛋，每次放入都要搅打均匀。

5. 混入香草精。

6. 在另 个碗中把面粉、苏打粉和盐搅拌均匀，逐量加入到黄油混合物中搅拌至刚好均匀。不要过度搅拌否则蛋糕会硬。

7. 把面糊倒入准备好的烤盘中，铺上腰果仁。

8. 烤23～25分钟或直至所插入蛋糕中心的蛋糕测试探针或针状物拔出时干净但不干燥。

9. 彻底摊凉后切成4×5厘米大小的块状。

10. 室温下存放在密封容器内可保存2天，冷藏可保存更久。

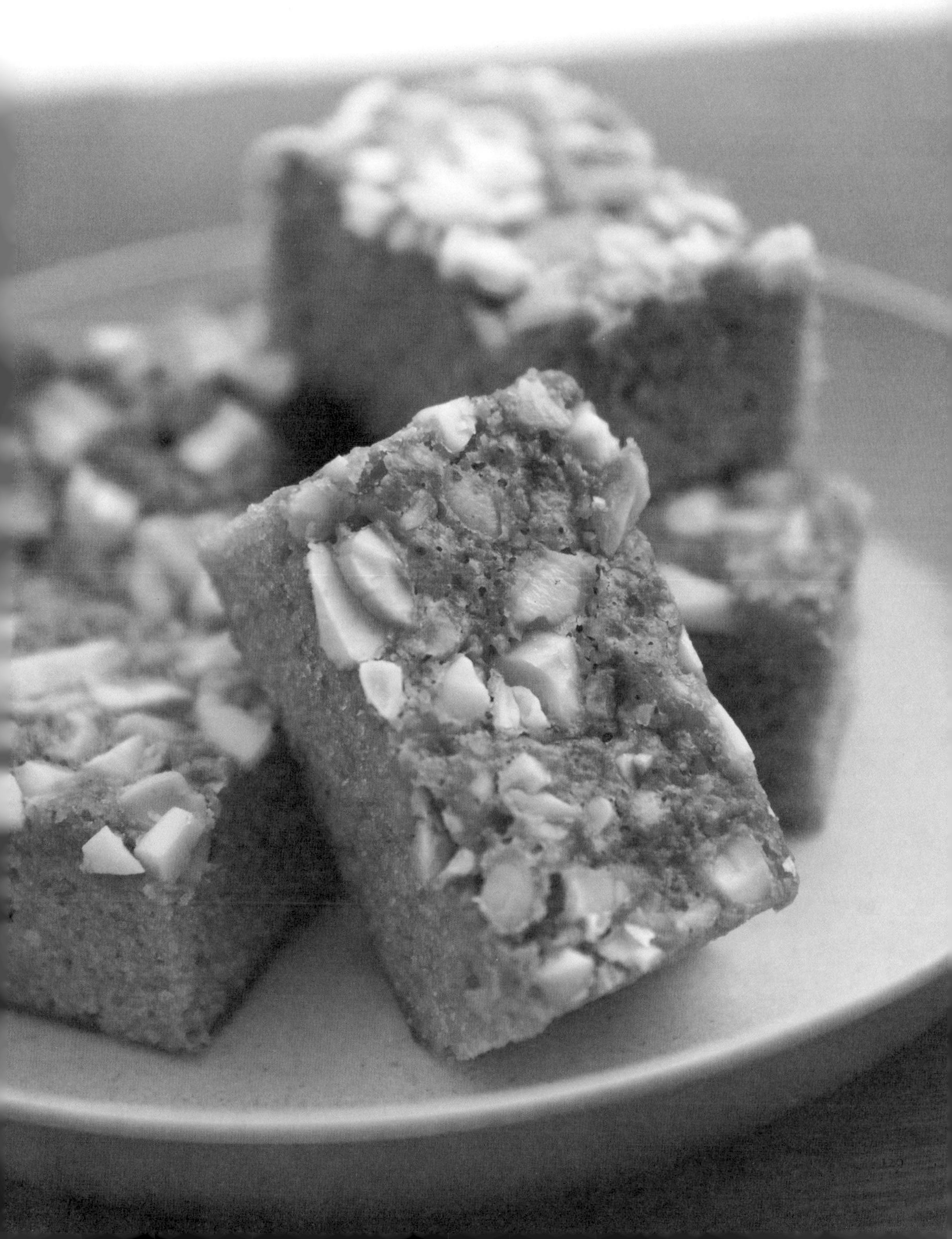

快手面包
和快手小点心
Quick Breads
and Quick Bites

巧克力纸杯蛋糕

Chocolate Cupcakes

巧克力"超载"了，蛋糕里有，糖霜里有，顶部装饰也有！你试试能不能拒绝巧克力的诱惑！

＊本配方大概能做24个。

＊原料	
可可粉	112克
面粉（多用途面粉）	240克
泡打粉	10克
苏打粉	7.5克
盐	7.5克
白糖	400克
牛奶	240毫升
植物油	150毫升
鸡蛋	3个，大的
香草精	15毫升
开水	240毫升
巧克力糖霜（见191页）	适量
巧克力卷	适量

＊制作方法

1. 预热烤箱至180℃，在2个12连马芬烤盘上放上纸托。

2. 在一个碗里把可可粉、面粉、泡打粉、苏打粉、盐和白糖搅拌均匀。

3. 在另一个碗里把牛奶、植物油、鸡蛋和香草精拌匀。

4. 逐量把液体混合物加入到干混合物里，用电动搅拌器中速搅打均匀。

5. 加入开水再搅打一分钟。

6. 把面糊倒入烤盘中的纸托中至3/4分满。烤16～18分钟，或直至所插入蛋糕中心的蛋糕测试探针或针状物拔出时是干净的。

7. 同时，准备巧克力糖霜。

8. 把纸杯蛋糕移到网架上彻底摊凉，再抹上巧克力糖霜，加上巧克力卷作装饰。

9. 存放在密封容器内冷藏可保存3天。

黏黏的海枣布丁

Sticky Date Pudding

一款让人不忍下口的点心，尤其是在淋上浓厚而滚烫的酱汁的时候。但确实太棒了，你会一口接一口地偷吃。

＊本配方大概能做12个。

＊原料

海枣	225克
开水	240毫升
黄油	225克
黄糖	225克
鸡蛋	4个，大的
香草精	5毫升
面粉（多用途面粉）	120克
泡打粉	5克
苏打粉	5克
肉桂粉	5克
盐	2.5克
酸奶	60毫升

布丁酱汁

黄油	169克
黄糖	225克
液态奶油（搅打奶油）	180毫升

- 小提示 -

如果没有酸奶，也可做出代替品：把1汤匙粗醋加入1杯牛奶中搅拌均匀，静置5分钟。牛奶会变稠并稍稍凝结。这可用来代替酸奶。

＊制作方法

1 预热烤箱至180°C，在12连布丁模具上刷上油（原料外）。

2. 将海枣放在一碗开水里浸泡5分钟。倒掉一些泡过海枣的水，只保留1/4（60毫升）。把海枣连同保留的水放入食物料机里稍微搅打。

3. 在中型炖锅里中火融化黄油和黄糖。

4. 离火并将鸡蛋逐个加入。

5. 混入香草精和海枣碎。

6. 在另一个碗里把面粉、泡打粉、苏打粉、肉桂粉和盐拌匀。逐量加入到黄油糊里。加入酸奶拌匀。

7. 用汤匙把面糊舀入布丁模中，烤12～15分钟，或直至所插入蛋糕中心的蛋糕测试探针或针状物拔出时是干净的。

8. 把布丁脱模。

9. 准备布丁酱汁。在小炖锅里把黄油、黄糖和液态奶油小火加热融化，一直搅拌直到呈光滑和稍浓稠状。

10. 食用前舀点布丁酱汁淋在布丁上。

11. 把布丁摊凉，室温下存放在密封容器内可保存2天。

红丝绒纸杯蛋糕

Red Velvet Cupcakes

浓烈的色彩和柔润丝滑的质感，都使人对这款蛋糕难以忘怀。加在面糊里的那点奶油芝士糖霜，让这款蛋糕柔软美味！

＊本配方大概能做28个纸杯蛋糕。

＊原料

植物油	375毫升
白糖	334克
鸡蛋	3个，大的
香草精	10毫升
白醋	10毫升
红色食用色素	30毫升
面粉（多用途面粉）	320克
泡打粉	22.5克
苏打粉	5克
盐	5克
酸奶	240毫升
奶油芝士糖霜（见191页）	适量

＊制作方法

1. 预热烤箱至180℃。在3个12连马芬模具上放上28个纸托。

2. 用电动搅拌器中速拌匀植物油和白糖。

3. 将鸡蛋逐个放入。

4. 加入香草精、白醋和红色食用色素。中速搅打直至混合物呈均匀红色。

5. 把面粉、泡打粉、苏打粉和盐筛入另一个碗里。

6. 把干性原料和酸奶交替加入到糊状物里，搅拌均匀。

7. 把面糊倒入烤盘的纸托中至3/4分满。

8. 烤16～18分钟，或直至插入蛋糕中心的蛋糕测试探针或针状物拔出时是干净的。

9. 把纸杯蛋糕移到网架上彻底摊凉，再用奶油芝士糖霜按需装饰。

10. 存放在密封容器内冷藏可保存3天。

柠檬马芬

Lemon Muffins

这款柠檬马芬可以加入核桃碎或者杏仁碎，味道更美味。

＊本配方大概能做12个马芬。

＊原料

面粉（多用途面粉）	280克
白糖	133克
泡打粉	22.5克
盐	5克
植物油	225毫升
酸奶	300毫升
鸡蛋	1个，大的
柠檬精	2.5毫升
柠檬皮	15克，切碎

＊制作方法

1. 预热烤箱至190℃，在12连马芬模具上放上12个马芬纸杯。

2. 在一个中碗里混合面粉、白糖、泡打粉和盐。

3. 在另一个碗里把植物油、酸奶、鸡蛋、柠檬精和柠檬皮搅拌均匀，并倒入面粉混合物中搅拌均匀。

4. 用一个大的冰淇淋勺（60毫升）把面糊舀入烤盘中的纸托里。

5. 烤20～22分钟，或直至马芬顶部呈金黄色。

6. 食用前摊凉15分钟。

7. 室温下存放在密封容器内可保存2天。

香蕉长条面包

Banana Bread

这款面包，配上一杯心仪的咖啡，就是一顿完美的早餐了。选用熟透的香蕉，做出柔软而可口的面包。

* 本配方能做22.5×12.5厘米的长条面包。

* 原料

植物油	168.75毫升
黑糖	169克
鸡蛋	2个，大的
香草精	5毫升
熟透香蕉	约337克，去皮并捣成泥
面粉（多用途面粉）	210克
泡打粉	7.5克
苏打粉	2.5克
盐	2.5克
牛奶	120毫升

* 制作方法

1. 预热烤箱至190℃，在一个22.5×12.5厘米的长条模具里刷上油（原料外）并铺上油纸。

2. 用电动搅拌器中速拌匀植物油和黑糖。

3. 逐个放入鸡蛋，再放入香草精和香蕉泥，降至低速搅打。

4. 在另一个碗里把面粉、泡打粉、苏打粉和盐搅拌均匀，并和牛奶一起交替加入到鸡蛋混合物中搅拌均匀。

5. 把面糊倒入准备好的模具里。烤55～60分钟。

6. 移至网架上彻底摊凉，切片食用。

7. 室温下存放在密封容器内可保存2天。

蓝莓马芬

Blueberry Muffins

我的经典之作。你可以像我那样，把它作为你家的早点。

* 本配方能做12个马芬。

* **原料**

面粉（多用途面粉）	300克
白糖	134克
泡打粉	22.5克
盐	5克
植物油	225毫升
酸奶	300毫升
鸡蛋	1个，大的
香草精	5毫升
冷冻蓝莓	2杯

黄油面糊

面粉（多用途面粉）	120克
黄油	112.5克
白糖	100克

* **制作方法**

1. 预热烤箱至190℃，在一个12连马芬模里放上纸托。

2. 在一个中碗里混合面粉、白糖、泡打粉和盐。

3. 在另一个碗里把植物油、酸奶、鸡蛋和香草精搅拌均匀，再和面粉混合物一起搅拌均匀。

4. 以切拌方式加入冷冻蓝莓。

5. 用一个大的冰淇淋勺（60毫升），将面糊舀入纸托中。

6. 准备黄油面糊。用食物料理机混合黄油、白糖和面粉，开动机器搅打直至刚好松软。

7. 在每个马芬上铺上1汤匙黄油面糊。

8. 烤20～22分钟，或直至马芬顶部呈金黄色。

9. 食用前摊凉15分钟。

10. 室温下存放在密封容器内可保存2天。

香草纸杯蛋糕

Vanilla Cupcakes

是时候发挥创意了！你可以在这款经典纸杯蛋糕上加上任意装饰配料。这里我用瑞士蛋白霜和红糖珠做装饰。

＊本配方能做24个纸杯蛋糕。

＊原料

黄油	225克，软化
白糖	334克
鸡蛋	4个，大的
香草精	15毫升
面粉（多用途面粉）	360克
泡打粉	10克
牛奶	240毫升
瑞士蛋白霜（见192页）	1份

＊制作方法

1. 预热烤箱至190℃，在2个12连马芬模里放上纸托。

2. 用电动搅拌器把黄油和白糖搅打至稀松状。

3. 逐个放入鸡蛋，每个鸡蛋搅打大约1分钟。

4. 加入香草精继续搅打直至融合后，降至低速搅打。

5. 把面粉和泡打粉筛入另一个碗中。把1/3面粉混合物加入到糊状物中，然后加入一半牛奶并搅打均匀。重复此步骤，加入余下面粉混合物并搅打均匀。

6. 把面糊倒入纸托中至3/4分满。

7. 烤16～18分钟，或直至所插入蛋糕中心的蛋糕测试探针或针状物拔出时是干净的。

8. 把纸杯蛋糕移至网架上彻底摊凉，再铺上瑞士蛋白霜，可用红糖珠（原料外）按需做装饰。

9. 可立即食用，或存放在密封容器内冷藏可保存3天。

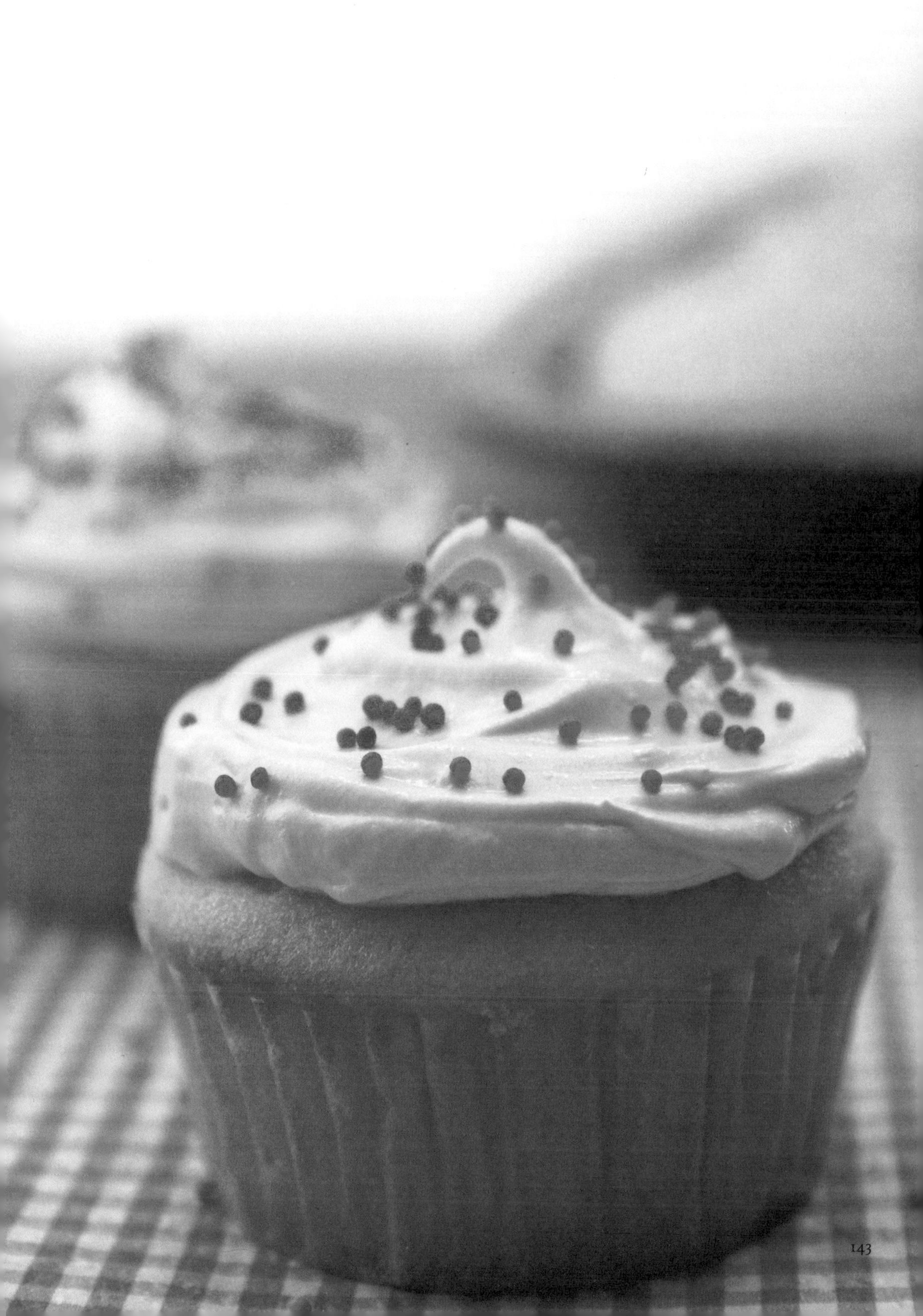

苹果核桃长条蛋糕

Apple
Walnut
Loaf

苹果和核桃，两种截然不同的口感，成就了口腔中一场有趣的游戏。

＊本配方能做22.5×12.5厘米的长条蛋糕。

＊原料

植物油	225毫升
白糖	250克
鸡蛋	2个，大的
香草精	5毫升
面粉（多用途面粉）	240克
泡打粉	5克
苏打粉	2.5克
盐	2.5克
肉桂粉	10克
牛奶	120毫升
红苹果	2个，去皮去核，切成0.5厘米的小丁
核桃	60克，切碎

＊制作方法

1. 预热烤箱至190°C。在一个22.5×12.5厘米的长条模具里刷上油（原料外），撒上面粉（原料外）。

2. 用电动搅拌器中速搅打植物油和白糖。

3. 逐个放入鸡蛋，再放入香草精，并降至低速搅打。

4. 在另一个碗中把面粉、泡打粉、苏打粉、盐和肉桂粉搅拌均匀，再和牛奶一起交替加入到鸡蛋混合物中，搅拌均匀。

5. 以切拌方式加入红苹果和核桃。

6. 把面糊倒入准备好的模具中。烤55～60分钟，或直至所插入蛋糕中心的蛋糕测试探针或针状物拔出时是干净的。

7. 把蛋糕移至网架上彻底摊凉。

8. 室温下存放在密封容器内可保存2天。

大理石磅蛋糕

Marble Pound Cake

工作忙碌或是半夜饥饿来袭的时候，这款蛋糕绝对是快捷又美味的选择。

＊本配方能做22.5×12.5厘米的长条蛋糕。

＊**原料**

黄油	**150克，切方块，室温放置**
白糖	**200克**
鸡蛋	**3个，大的**
香草精	**5毫升**
面粉（多用途面粉）	**210克**
泡打粉	**15克**
盐	**5克**
酸奶	**160毫升**
可可粉	**37.9克**
开水	**80毫升**

＊**制作方法**

1. 预热烤箱至190℃，在一个22.5×12.5厘米的长条模具里刷上油（原料外）。

2. 用电动搅拌器搅打黄油和白糖直至稀松状。

3. 逐个放入鸡蛋，每放一次都要刮净碗边。加入香草精。

4. 把面粉、泡打粉和盐筛入另一个碗中。

5. 把面粉混合物分三次和酸奶交替加入到鸡蛋混合物中，第一次和最后一次加的都是面粉混合物。预留1/3面糊静置一边。

6. 在开水中溶解可可粉并搅拌至光滑状。把可可混合物拌入到预留的面糊中搅拌均匀。

7. 把香草面糊和巧克力面糊分两层交替舀入准备好的模具中，做成西洋棋盘状。再用刀插进面糊并旋转，做出大理石的效果。

8. 烤45～55分钟，或直至所插入蛋糕中心的蛋糕测试探针或针状物拔出时是干净的，烘烤中途旋转一下模具。

9. 把蛋糕移至网架上彻底摊凉后切片食用。

10. 室温下存放在密封容器内可保存2天。

肉桂漩涡蛋糕

Cinnamon Swirl Loaf

肉桂赋予了这款蛋糕一种迷人的香气。

＊本配方能做22.5×12.5厘米的长条蛋糕。

＊原料

黄油	169克，切方块，室温放置
白糖	200克
鸡蛋	4个，大的
香草精	10毫升
酸奶油	320克
面粉（多用途面粉）	300克
泡打粉	10克
苏打粉	5克
盐	2.5克

肉桂糖

红糖	75克
肉桂粉	30克

＊制作方法

1. 预热烤箱至190℃。在一个22.5×12.5厘米的长条模具里刷上油（原料外），撒上面粉（原料外）。

2. 用电动搅拌器中速搅打黄油和白糖直至稀松状。

3. 逐个放入鸡蛋，再放入香草精。降至低速搅打。

4. 在另一个碗中把面粉、泡打粉、苏打粉和盐搅拌均匀。

5. 逐量把1/3面粉混合物和酸奶油一起交替加入到黄油混合物中，重复此步骤，第一次和最后一次加的都是面粉混合物，一直搅拌至刚好均匀。

6. 准备肉桂糖：混合红糖和肉桂粉。

7. 把一半面糊倒入准备好的模具中，撒上一半肉桂糖。用刮铲画圈分散肉桂糖。重复此步骤处理余下的面糊和肉桂糖。

8. 烤45～50分钟，或直至所插入蛋糕中心的蛋糕测试探针或针状物拔出时是干净的。

9. 食用前把蛋糕移至网架上彻底摊凉。

10. 室温下存放在密封容器内可保存2天。

塔和派
Tarts and Pies

香芒奶油塔

Mango Cream Tarts

这款奶油塔充分证明芒果和奶油是个完美的美味组合，再配上层层酥皮，没有什么东西比这更令人满意了。

＊本配方能做6个直径为10厘米的塔。

＊原料

甜塔皮（见193页）	6块直径为
	10厘米的
	圆形甜塔皮
芒果泥	120克
糖霜（糖粉）	30克
液态奶油（搅打奶油）	360毫升
杏子酱或馅饼凝胶	按需
芒果	1~2个，
	去皮切片

＊制作方法

1. 准备甜塔皮。

2. 在一个碗中搅拌芒果泥和糖霜直至糖霜溶解。

3. 用电动搅拌器高速搅打液态奶油直至可拉出软软的尖勾。逐量加入芒果泥，搅拌至刚好均匀。

4. 把奶油混合物舀入准备好的甜塔皮中，并用勺子或刮铲抹平。

5. 在小炖锅里慢火温热杏子酱或馅饼凝胶。

6. 用芒果片作装饰，再刷上温热的杏子酱或馅饼凝胶。

7. 冷藏至适宜食用。

8. 存放在密封容器内冷藏可保存2天。

草莓马斯卡彭芝士塔

Strawberry Tart with Mascarpone Filling

丝滑的芝士配上清新的草莓，这款美味的甜点必火无疑。

* 本配方能做6个直径为10厘米的塔。

* 原料

甜塔皮（见193页）	6块直径为10厘米的圆形甜塔皮
草莓酱或馅饼凝胶	1/4杯（60克）
草莓	2～4杯，切片

芝士馅

冻马斯卡彭芝士	225克
液态奶油（搅打奶油）	240毫升
糖霜（糖粉）	40克
杏仁甜酒	30毫升

* **制作方法**

1. 准备甜塔皮。

2. 准备芝士馅。用电动搅拌器中速搅打马斯卡彭芝士、液态奶油、糖霜和杏仁甜酒直至可拉出坚挺的尖勾，需约2分钟。

3. 把芝士馅均匀地舀入准备好的甜塔皮中，用刮铲抹平。

4. 用草莓片作装饰。

5. 在小炖锅里慢火温热草莓酱或馅饼凝胶。

6. 用刷子轻轻在草莓片上刷上温热的草莓酱或馅饼凝胶。

7. 存放在密封容器内冷藏可保存1天。

法式布蕾塔

Crème Brulée Tarts

装在千层酥皮内的经典法式蛋奶冻。在上面加上焦糖，使之香甜松脆，大受欢迎。

＊本配方能做6个直径为10厘米的塔。

＊原料

甜塔皮（见193页）	6块直径为10厘米的圆形甜塔皮
香草荚	1根
液态奶油（搅打奶油）	400毫升
蛋黄	4个
白糖	67克，再加一些撒在上面
盐	1.5克

＊制作方法

1. 准备甜塔皮。

2. 用削皮刀纵向剖开香草荚，把籽挖到小炖锅中，加入液态奶油。

3. 中火温热奶油，一直搅拌直至锅边有一圈泡泡。不要煮沸。

4. 离火，静置一边。

5. 在一个大碗中把蛋黄、白糖和盐搅拌至细滑状。逐量加入香草奶油，搅拌均匀。

6. 把混合物倒回锅中，加热至刚好浓稠。不要煮沸。

7. 让蛋奶糊稍微摊凉，然后均匀舀入准备好的甜塔皮内，冷藏过夜。

8. 食用之前，撒一些白糖在蛋奶冻上，并用厨房火枪熔成焦糖（按照生产商指引操作），立即食用。

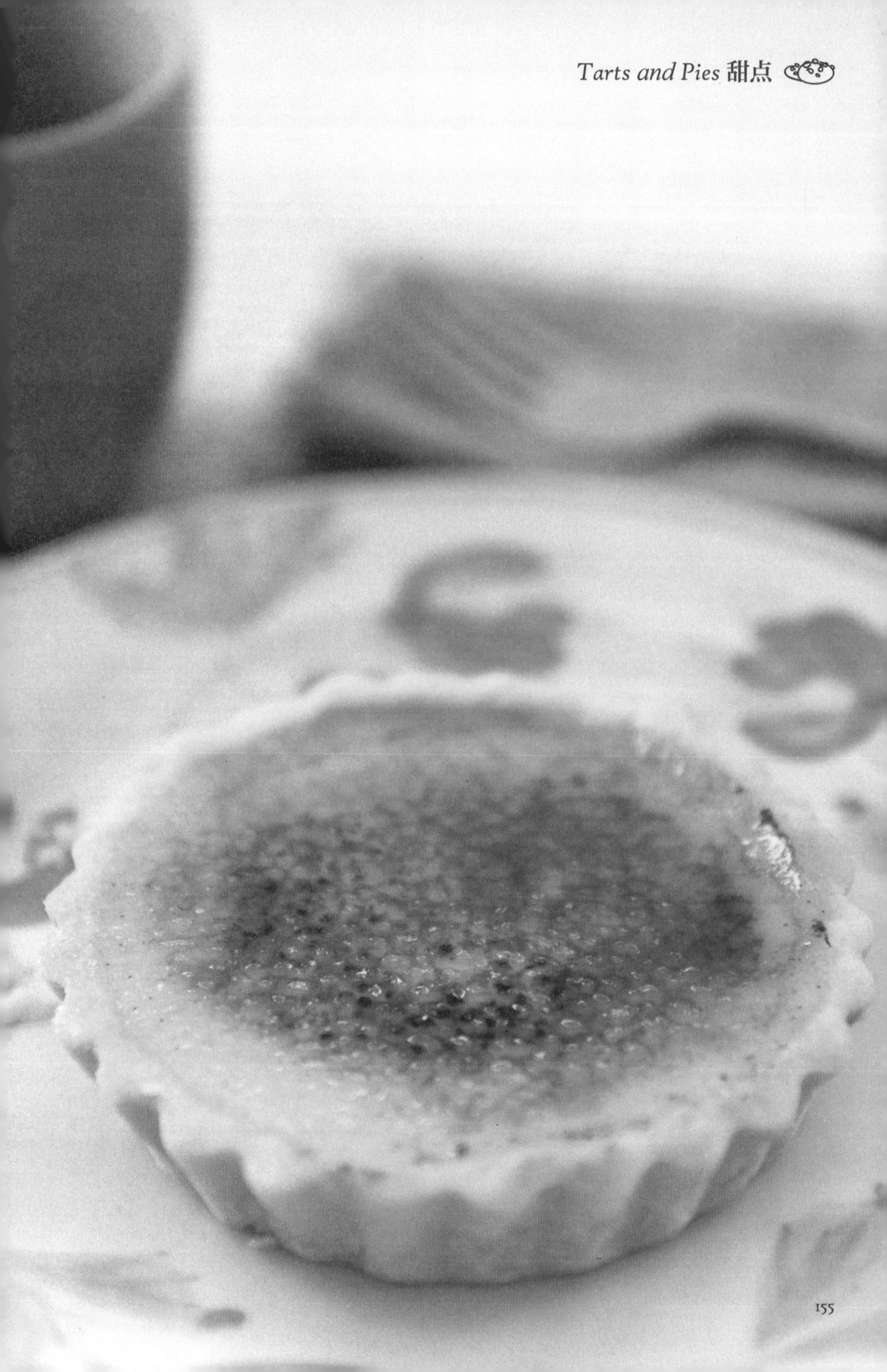

柠檬酥皮派

Lemon Pie Crust

许多柠檬酥皮派做不好在于其凝乳馅的酸味过于浓烈。但这个配方绝对不会让人失望。

＊本配方能做1个直径为18厘米的派。

＊**原料**

派皮（见193页）	1块直径为18厘米的圆形派皮

柠檬馅

蛋黄	4个
水	360毫升
白糖	267克
玉米淀粉	40克
盐	2.5克
黄油	30克
柠檬汁	120毫升
柠檬皮	15克，磨碎

蛋白糖霜

白糖	200克
水	120毫升
蛋白	4个

＊**制作方法**

1. 准备派皮。

2. 准备柠檬馅。在搅拌碗里打散蛋黄，放置一旁。

3. 在中型炖锅里把水、白糖、玉米淀粉和盐混合均匀。开中火煮混合物，持续搅拌约1分钟。

4. 离火并逐量加入到打散的蛋黄中，持续搅拌。

5. 把鸡蛋混合物倒回炖锅中小火再煮1分钟，持续搅拌。离火，加入黄油、柠檬汁和柠檬皮轻轻搅拌均匀，即柠檬馅。将柠檬馅倒入准备好的派皮中。

6. 迅速准备蛋白糖霜并趁热使用。在小炖锅中放入白糖和水，以中火加热使白糖溶于水中。加大火力将糖水煮沸至温度

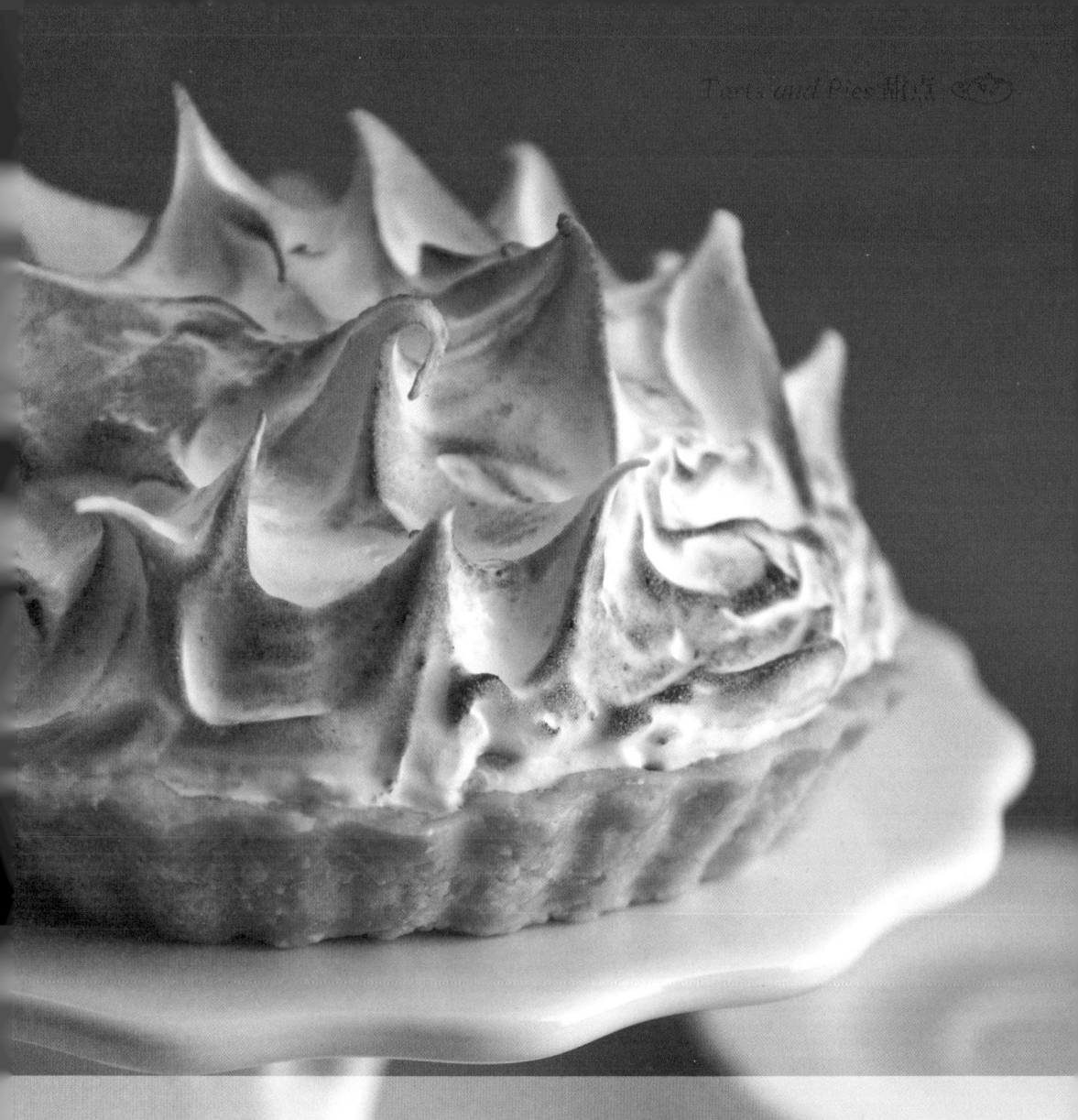

计显示温度达114℃。

7. 用电动搅拌器高速打发蛋白直至能拉出坚挺尖勾。

8. 在搅拌器运作状态下沿搅拌碗边缘逐量倒入热糖浆，继续搅打至蛋白糖霜刚好温热。

9. 用刮铲舀适量蛋白糖霜在柠檬馅上。让蛋白糖霜粘住刮铲并向上拉出装饰尖勾，重复此步骤装饰整个派。

10. 用厨房火枪将尖勾喷至棕色，或把派放进预热220℃的烤箱中烤3~5分钟，直至蛋白糖霜边缘和尖勾变成金黄色。

11. 食用前彻底摊凉。

12. 存放在密封容器内冷藏可保存2天。

蜜桃可丽饼

Peach Galette

这款甜点简单易做。它外表质朴，味道出彩！选用罐头水蜜桃来做最适合不过了，当然，也可以用其他水果来代替。

＊本配方能做6个小塔。

＊原料

玉米酥皮

面粉（多用途面粉）	150克
玉米粉	30克
白糖	15克
盐	2.5克
黄油	112克，切方块
酥油	43克，切方块
冰水	60毫升

馅

水蜜桃片（罐头）	1罐（825克）
白糖	50克，再加一些撒在上面
玉米淀粉	30克
水蜜桃泥	80克
鸡蛋	1个，打匀

＊制作方法

1. 开始制作玉米酥皮。开动食物料理机把面粉、玉米粉、白糖和盐混合均匀。

2. 加入黄油和酥油继续开动机器混合至粗磨粉状。

3. 食物料理机保持运转状态，然后缓缓注入冰水，搅拌大约20秒，直至和成面团。

4. 把面团移至工作台上。把面团擀成圆盘状，用保鲜膜盖住并冷藏至少1小时备用。

5. 用两张油纸夹住面团，擀至0.5厘米厚，再切成6个直径为15厘米的圆形面皮，放在烤盘上，冷藏1小时。

6. 预热烤箱至190℃。

7. 开始制作馅。在一个大碗内混合水蜜桃片、白糖和玉米淀粉。

8. 在每个圆面饼上抹上1汤匙的水蜜桃泥，边上预留2.5厘米的空位。

9. 把水蜜桃片放在上面，边上预留2.5厘米的空位。把边缘折起做出围边，轻压一下使面团不会在烘烤时摊平。

10. 给面团扫上蛋液。在蜜桃片上撒上一些白糖。

11. 烤20～25分钟直至呈金棕色。

12. 把塔移至网架上摊凉至少15分钟，摊凉至温热或室温时食用。

13. 室温下存放在密封容器内可保存2天。

巧克力香蕉奶油派

Black
Bottom
Banana
Cream Pie

香蕉四季可寻。花些时间去做这个派，好好犒赏自己。

*本配方能做1个直径为18厘米的派。

* 原料

派皮（见193页）	1块直径为18厘米的圆形派皮
蛋奶馅（见192页）	1杯
半甜巧克力（融化）	60克
液态奶油（搅打奶油）	240毫升
糖霜（糖粉）	45克
香蕉	2～3根，去皮切片
巧克力刨花或巧克力卷	适量

* 制作方法

1. 准备派皮和蛋奶馅。

2. 用抹刀或勺子背部把融化的半甜巧克力均匀涂抹在塔皮上，放入冰箱冷藏10分钟使巧克力凝固。

3. 同时，用打蛋器或电动搅拌器在大碗中搅打液态奶油至浓稠状。

4. 加入糖霜，继续搅打至能拉出中等硬度的尖勾，备用。

5. 从冰箱中取出派皮，把蛋奶馅均匀涂抹在巧克力上。

6. 把香蕉片铺在蛋奶馅上。

7. 用抹刀把打发好的奶油抹在香蕉片上。

8. 用巧克力刨花或巧克力卷作装饰。

9. 冷藏至少3小时使蛋奶馅凝固，趁冷冻时食用。

10. 冷藏存放可保存2天。

鲜果塔

Fresh Fruit Tart

色彩缤纷，味道丰富的鲜果塔。别忘了选用多种不同颜色、不同风味的水果。

＊本配方能做1个33×10厘米的塔。

＊**原料**

甜塔皮（见193页）	1块尺寸为33×10厘米的甜塔皮
蛋奶馅（见192页）	1份
液态奶油（搅打奶油）	240克
草莓	1杯，去萼并切片
蓝莓	1杯
橘子（罐头）	1杯，沥干
杏子酱或馅饼凝胶	60克

＊**制作方法**

1. 准备甜塔皮和蛋奶馅。

2. 用电动搅拌器中速搅打蛋奶馅。

3. 逐量加入液态奶油，搅打至能拉出软软的尖勾。

4. 把奶油混合物抹在塔皮上，冷藏至少1小时。

5. 在小炖锅中小火温热杏子酱或馅饼凝胶。

6. 用草莓、蓝莓和橘了装饰塔。食用之前刷上温热过的杏子酱或馅饼凝胶。

7. 存放在密封容器内冷藏可保存2天。

最美味的苹果派

The Best Apple Pie

层层酥皮配上美味多汁的馅，成就这款经典的美式甜点。这款苹果派食用前最好加热并配上一勺香草冰淇淋。

＊本配方能做6个直径为10厘米或1个直径为22.5厘米的派。

＊原料

派皮面团（见193页）	1份

苹果馅

青苹果	6个，去皮去核切片
苹果汁	60毫升
柠檬汁	15毫升
白糖	150克
玉米淀粉	30克
盐	2.5克
肉桂粉	15克

＊制作方法

1. 准备派皮面团。

2. 制作苹果馅。在一个大碗里混合青苹果、苹果汁和柠檬汁。

3. 在另一个碗中把白糖、玉米淀粉、盐和肉桂粉搅拌均匀，拌入青苹果和汁液，并将青苹果均匀裹住。放一边备用。

4. 预热烤箱至200℃。

5. 做成小派或单个派。用两张油纸夹住冷藏过的面团，擀成0.5厘米厚，从中切出12个直径为15厘米的圆形面皮。把6个圆形面皮压入直径为10厘米的派模中。余下的面皮放置一旁。

6. 做成大派。把面团分成两等份，把每份擀成直径为33厘米的圆形面皮，并将其轻轻压入22.5厘米的派盘中。

7. 把苹果馅舀入酥皮内，把剩余的面皮盖在馅上，折起边缘以便封住。

8. 用剩下的面团装饰派面。在派面划几道口子或挖个洞，让烘烤时所产生的蒸汽从中冒出，稍后也可测试熟度。

9. 烤15分钟，然后降至180℃再烤35分钟或直至苹果变软。可用探针插入派中测试。

10. 食用前把派移至网架摊凉20分钟。温热时食用。

11. 室温下可存放2天。食用前在烤箱里（150℃）加热10～15分钟。

山核桃派

Pecan Pie

这款经典的派简直让人无法抗拒！你可要有心理准备了，你的朋友、家人准会多要几份。

＊本配方能做1个直径为18厘米的派。

＊**原料**

派皮（见193页）	1个直径为18厘米的圆形派皮，未烤的
黄油	4克
黄糖	150克
黑玉米糖浆	80毫升
盐	1.25克
香草精	5毫升
可可粉	8克
鸡蛋	1个
山核桃	150克，30克切碎，120克对半切好
香草冰淇淋或打发好的奶油	按需

＊**制作方法**

1. 准备未烤的派皮。

2. 预热烤箱至180℃。

3. 在小炖锅中把黄油、黄糖、黑玉米糖浆一起慢火加热5分钟，离火并稍微摊凉。

4. 加入鸡蛋和山核桃碎并拌匀。

5. 把混合物倒入准备好的派皮中，并用对半切好的山核桃作装饰。

6. 烤35～40分钟，或直至馅料凝固。

7. 摊凉15分钟。

8. 配上香草冰淇淋或打发好的奶油，趁热食用。

9. 室温下存放在密封容器内可保存2天。

海龟派

Turtle Pie

酥皮上填满核桃碎、浇满焦糖酱、涂满甘纳许巧克力酱——一款实在令人难以拒绝的甜点!

＊本配方能做或1个直径为18厘米的派。

＊原料

酥皮	
黑巧克力夹心曲奇如奥利奥150克，碾碎	
黄油	55克，融化

焦糖酱	
白糖	200克
水	30毫升
柠檬汁	5毫升
液态奶油（搅打奶油）	60毫升

甘纳许	
半甜巧克力	420克，切碎
液态奶油（搅打奶油）	160毫升+240毫升打发用
制作镜面用的黄油	30克

馅	
核桃	40克，切碎

＊制作方法

1. 开始制作酥皮。把碾碎的黑巧克力夹心曲奇和融化的黄油混合均匀。

2. 把混合物均匀压入一个直径为22.5厘米的派盘底部和周围。冷藏至少1小时直至硬实。

3. 开始制作焦糖酱。在一个中型炖锅里混合白糖、水和柠檬汁，用木勺搅拌直至糖溶解。

4. 中火煮6~8分钟直至混合物呈琥珀色。煮的过程中一定要不时倾侧炖锅，以免把糖煮焦。

5. 将炖锅离火，小心地加入液态奶油，用长柄木勺搅拌直至酱汁呈均匀细滑状。糖浆非常热，注意不要溅起。使用厚隔热手套去保护双手。

6. 把焦糖酱摊凉至温热或室温，必要时可冷藏。

7. 开始制作甘纳许。把半甜巧克力放入耐热碗中。

8. 用小炖锅中高火煮沸160毫升液态奶油，马上倒入巧克力中。

9. 用打蛋器搅拌直至巧克力融化成细滑状，摊凉至容易抹开。留120毫升甘纳许作表面装饰用。冷藏至少1小时。

10. 把核桃放入准备好的酥皮内。

11. 浇上50毫升焦糖酱。

12. 在搅拌碗内搅打冷藏过的甘纳许直至稀松状，然后逐量加入余下的240毫升液态奶油，搅打至能拉出软软的尖勾。

13. 把打发好的甘纳许均匀涂抹在核桃上。冷冻至少1小时至凝固。

14. 准备镜面。在小炖锅中重新加热预留的甘纳许（120毫升）。加入上制作镜面用的黄油，并搅拌至其融化以及巧克力呈光亮状，然后倒在冷冻的派上。将派倾斜使甘纳许镜面均匀平铺。

15. 用余下的焦糖酱装饰一下。冷冻保存直至适宜食用。

> · 小提示 ·
>
> 甘那许是法语Ganache的音译，是一种非常古老的巧克力制作工艺。

蛋糕
Cakes

经典芝士蛋糕

Classic Cheesecake

这款芝士蛋糕为各种芝士蛋糕的制作打下很好的基础，它本身也相当好吃。

＊ 本配方能做或5个直径为8厘米的蛋糕。

＊原料

酥皮

全麦饼干	150克，碾碎
白糖	50克
黄油	56克，融化

馅

奶油芝士	225克，软化
白糖	67克
鸡蛋	2个
香草精	5毫升

＊制作方法

1. 预热烤箱至120℃。把锡纸盖在5个直径为8厘米的环形模具的底部，放置一旁。

2. 开始制作酥皮。在一个碗中把全麦饼干碎、白糖和融化了的黄油混合均匀。

3. 在每个模具中放入大约2汤匙（30克）混合物并均匀压紧，放置一旁。

4. 开始制作馅。用电动搅拌器中速搅打奶油芝士，逐量加入白糖搅打均匀。

5. 将鸡蛋逐个放入，每放一个都要搅拌均匀。再放入香草精。

6. 把馅料舀入模具至3/4满。

7. 烤30～45分钟直至馅料凝固。关火，让烤箱门半开着，把蛋糕留在烤箱内彻底摊凉。

8. 立即食用或存放在密封容器内冷藏可保存2天。

树莓漩涡芝士蛋糕
Raspberry Swirl Cheesecake

这个免烤的食谱非常适合不想用烤箱的朋友。这款蛋糕既美味又美观。

＊本配方能做1个直径为22.5厘米的蛋糕。

＊原料

酥皮

全麦饼干	150克，碾碎
白糖	50克
黄油	56克，融化

树莓酱

冻树莓	1杯
白糖	50克
水	60毫升

馅

奶油芝士	450克，软化
白糖	100克
香草精	5毫升
吉利丁粉	10克
温水	45毫升
液态奶油（搅打奶油）	240毫升

＊制作方法

1. 用透明围边或锡纸围在一个直径为20厘米的环形模具周围并摆在烤盘上，放置一旁。

2. 开始制作酥皮。在中碗内把全麦饼干、白糖和融化了的黄油混合均匀。

3. 用勺子背部把混合物均匀压入准备好的模具中。

4. 开始制作树莓酱。用搅拌机把冻树莓、白糖和水打成细滑泥状，沥干，静置一旁。

5. 开始制作馅。用电动搅拌器中速搅打奶油芝士，逐量加入白糖和香草精。

6. 在另一个碗内把吉利丁粉放入温水中搅拌，静置2～3分钟后将其逐量混入奶油芝士混合物中。

7. 在另一个搅拌碗中搅打液态奶油至能拉出软软的尖勾。

8. 以切拌方式轻轻把一半打发好的奶油拌入奶油芝士混合物中，然后继续加入另一半拌匀。

9. 把一半馅舀入模具内的酥皮之上，并用抹刀抹平。

10. 舀一些树莓酱在馅上面，从周边抹至中心，使周遭都有树莓酱。

11. 用小刮铲或小刀，把树莓酱绕圈划出造型。

12. 把剩余的馅铺在上面，用刮铲抹平。

13. 冷藏3～4小时使其凝固。

14. 把芝士蛋糕脱膜，食用前拿掉透明围边或锡纸。

15. 存放在密封容器内冷藏可保存2天。

椰林飘香蛋糕

Pina Colada Cake

加入了菠萝蓉和椰子味淡奶油的香草戚风蛋糕如海绵般松软！试试看吧！

*本配方能做18个直径为8厘米的蛋糕。

*原料

香草戚风蛋糕（见192页）	**1个**
菠萝蓉（罐头）	**1小罐，沥干**
烤椰子片	**适量**

糖浆

水	**120毫升**
白糖	**50克**
朗姆酒	**60毫升**

奶油糖霜

液态奶油（搅打奶油）	**480毫升**
糖霜（糖粉）	**40克**
椰子粉	**30克**

*制作方法

1. 准备香草戚风蛋糕。

2. 把香草戚风蛋糕打横切成1厘米的厚片。

3. 用一个直径为8厘米的环形模具，从香草戚风蛋糕中切出36块圆形蛋糕片。

4. 开始制作糖浆。把水、白糖和朗姆酒放入小炖锅中小火煮5分钟，静置一旁。

5. 开始制作奶油糖霜。用电动搅拌器搅打液态奶油至能拉出软软的尖勾，逐量加入糖霜继续搅打直至能拉出坚挺的尖勾。放入椰子粉。

6. 用透明围边或锡纸把18个直径为8厘米的环形模具逐个围起来。

7. 在底部放上一片香草戚风蛋糕并刷上糖浆。

8. 铺上1汤匙（15克）糖霜和1～2茶匙（5～10克）菠萝蓉。

9. 重复铺上1汤匙（15克）糖霜和1～2茶匙（5～10克）菠萝蓉，然后再铺上另一片香草戚风蛋糕。

10. 冷冻至少2小时至凝固。

11. 脱膜并在蛋糕顶部及周边都抹上薄薄一层奶油糖霜，再裹上烤椰子片。

12. 冷藏保存直至准备食用。存放在密封容器内冷藏可保存2天。

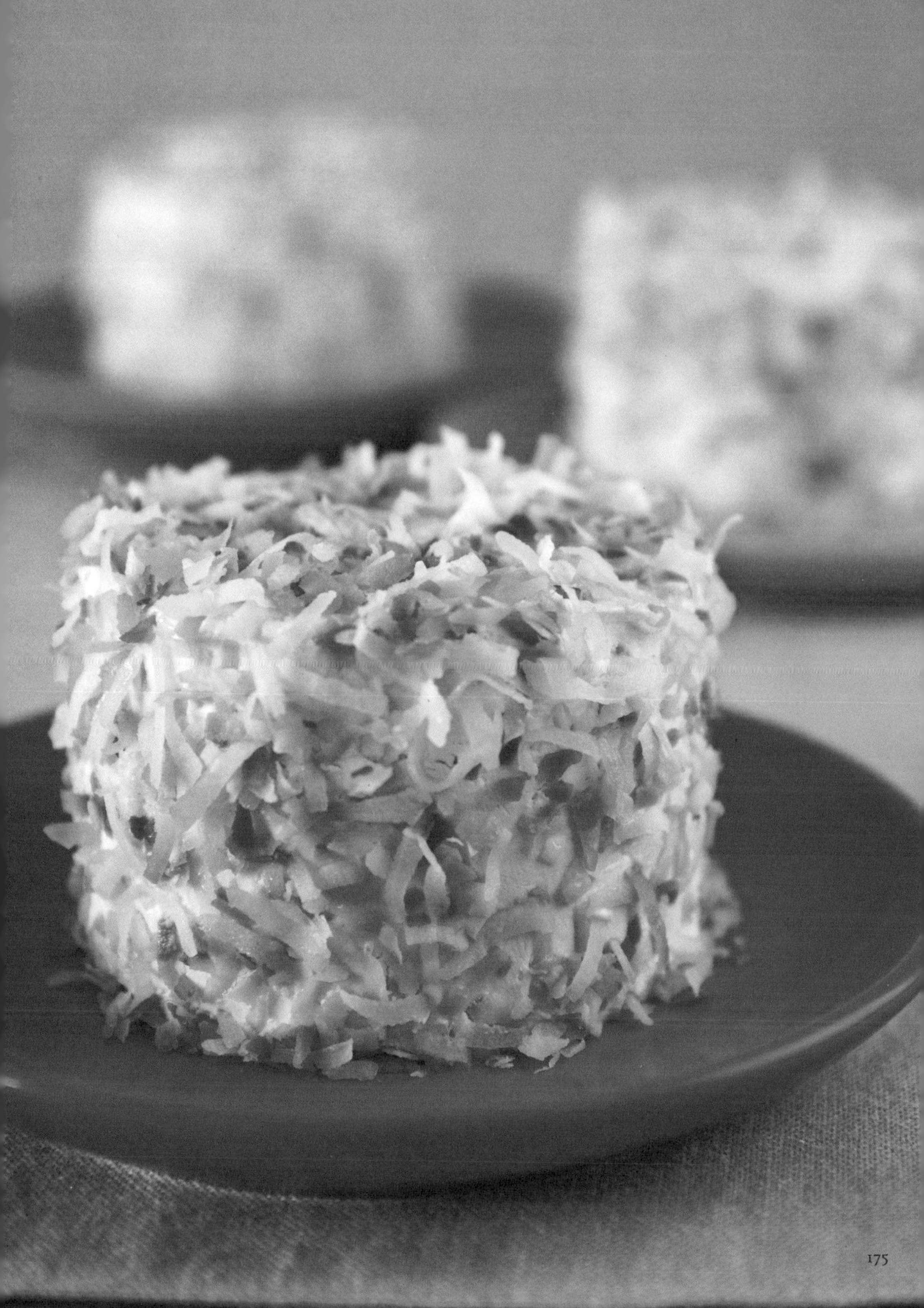

脆蜂巢蛋糕

Honey Comb Crunch Cake

一款味道清淡、口感独特的蛋糕——糅合了蜂巢糖的松脆、奶油的丝滑以及戚风蛋糕那海绵般的松软，必定大受欢迎！

＊本配方能做1个直径为22.5厘米的蛋糕。

＊原料

香草戚风蛋糕（见192页）　**1个**

蜂巢糖

白糖	**250克**
水	**80毫升**
蜂蜜	**60毫升**
淡玉米糖浆	**80毫升**
苏打粉	**6.25克**

奶油糖霜

液态奶油（搅打奶油）	**720毫升**
糖霜（糖粉）	**60克**

＊制作方法

1. 准备香草戚风蛋糕。

2. 开始制作蜂巢糖。把白糖、水、蜂蜜和淡玉米糖浆放入大炖锅里煮成焦糖至琥珀色。

3. 加入苏打粉，用木勺轻轻搅拌，混合物会起泡。

4. 把混合物倒在铺了不粘垫或油纸的烤盘上。彻底摊凉后切块。

5. 开始制作奶油糖霜。用电动搅拌器搅打液态奶油至能拉出软软的尖勾，逐量加入糖霜，继续搅打直至能拉出坚挺的尖勾。

6. 把香草戚风蛋糕打横切成两半。把下面的那一半放在蛋糕垫板或蛋糕盘上。

7. 舀大约一杯奶油糖霜铺在下面的那一半蛋糕上，并用抹刀抹平。铺上一层蜂巢糖块，然后放上另一半蛋糕。

8. 把余下的奶油糖霜抹在蛋糕上，用余下的蜂巢糖块作装饰。

9. 切件食用，或存放在密封容器内冷藏可保存2天。

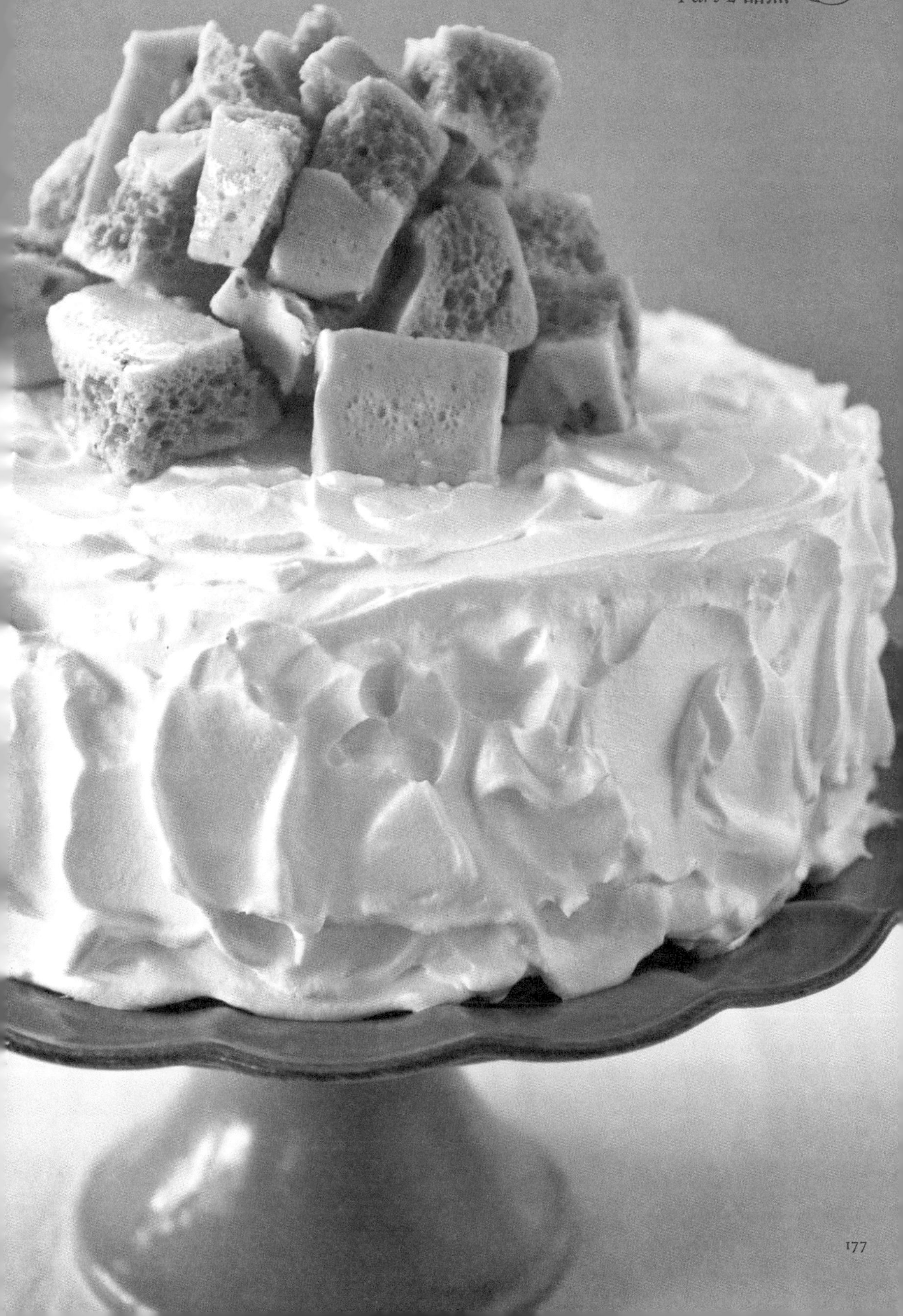

胡萝卜蛋糕

Carrot Cake

我在加州的一家糕点店工作的时候学做了这款蛋糕。在面糊里加入菠萝蓉和核桃，让蛋糕口感柔润。

＊本配方能做1个直径为22.5厘米的蛋糕。

＊原料

白糖	400克
玉米油	169毫升
鸡蛋	3个，大的
香草精	5毫升
胡萝卜	1½杯，磨碎
菠萝蓉（罐头）	1/2，沥干
核桃	120克，切碎
面粉（多用途面粉）	270克
肉桂粉	5克
泡打粉	5克
苏打粉	2.5克
盐	2.5克
奶油芝士糖霜（见191页）	1.5～2杯

＊制作方法

1. 预热烤箱至180℃。

2. 在一个直径为22.5厘米的圆形蛋糕模上刷上油（原料外），放置一旁。

3. 用电动搅拌器拌匀白糖和玉米油。

4. 将鸡蛋逐个加入，每加一个都要拌匀。再加入香草精。以切拌方式加入胡萝卜、菠萝蓉和核桃。

5. 把面粉、肉桂粉、泡打粉、苏打粉和盐一起筛入另一个碗中，并逐量加入到胡萝卜混合物里搅拌均匀。

6. 把面糊倒入准备好的烤盘烤45～50分钟。

7. 从烤箱取出蛋糕，彻底摊凉。

8. 把摊凉的蛋糕放在蛋糕垫板或蛋糕架上。把奶油芝士糖霜舀在蛋糕上面，用抹刀抹平。

9. 切件食用，或存放在密封容器内冷藏可保存2天。

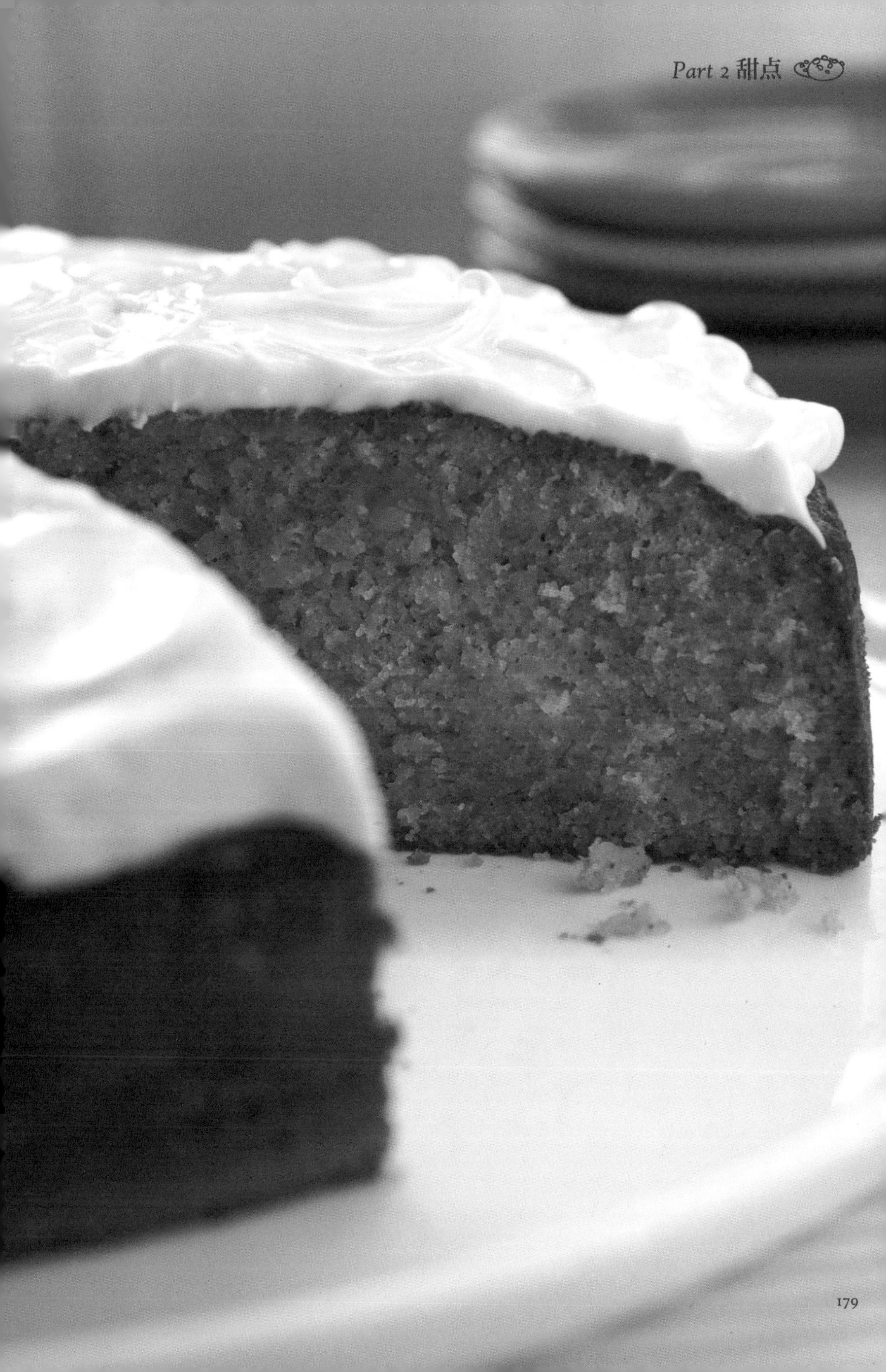

香橙黄油蛋糕

带有糖渍香橙的芳香和风味的迷你蛋糕，香浓柔润。

Orange Butter Cake

* 本配方能做6个直径为8厘米的蛋糕。

*原料

黄油	225克，切方块并软化
白糖	250克
鸡蛋	4个，大的
面粉（多用途面粉）	240克
泡打粉	5克
盐	2.5克
橙汁	180毫升
橙皮	30克，磨碎

糖渍橙片

白糖	200克
水	120毫升
橙子	1个，薄切圆片

*制作方法

1. 预热烤箱至180℃。在6个直径为8厘米的蛋糕模上刷上油和撒上粉（均原料外），放置一旁。

2. 用电动搅拌器搅打黄油和白糖直至稀松状。逐个放入鸡蛋。

3. 把面粉、泡打粉和盐一起筛入另一个碗中。

4. 把面粉混合物分三次和橙汁、橙皮一起交替加入到黄油混合物中低速搅打，每次加入后都要混合均匀。

5. 把面糊舀入蛋糕模中至3/4分满，轻叩模具数下或用抹刀把面糊抹平。

6. 烤45~50分钟或直至蛋糕呈金棕色，所插入蛋糕中央的蛋糕测试探针或针状物拔出时是干净的。把蛋糕转移至网架上彻底摊凉。

7. 开始制作糖渍橙片。在小炖锅中煮沸白糖和水，一直搅拌至糖溶解。加入橙片，小火煮至半透明状。

8. 将蛋糕脱膜，放在单独的菜盘上。放一片糖渍橙片在蛋糕上，并浇上一些糖浆。

9. 存放在密封容器内冷藏可保存2天。

草莓奶油蛋糕

Strawberry Shortcake

松软的戚风蛋糕配上奶油和草莓块——我永远的最爱！

＊本配方能做1个直径为22.5厘米的蛋糕。

＊原料

香草戚风蛋糕（见192页）	**1个**
液态奶油（搅打奶油）	**720毫升**
糖霜（糖粉）	**60克**
草莓	**2杯以上，去萼切块**

＊制作方法

1. 准备香草戚风蛋糕。

2. 把香草戚风蛋糕打横切开两半，把下面的那一半放在蛋糕垫板或蛋糕架上。

3. 用电动搅拌器搅打液态奶油至能拉出软软的尖勾。逐量加入糖霜，搅打至硬性发泡。

4. 舀大约1/3奶油抹在底部的那一半蛋糕上，并用抹刀均匀抹开。

5. 铺上一层大约一半分量的草莓块，然后盖上上面那一半蛋糕。

6. 把余下的奶油抹在蛋糕上，有需要可用奶油裱花装饰。

7. 把余下的草莓块放在蛋糕上面。

8. 立即食用，或存放在密封容器内冷藏可保存2天。

巧克力凹蛋糕

Fallen Chocolate Cake

这款蛋糕看起来怪怪的，像是哪里不对劲，但尝过之后你一定会认同这款不同寻常的蛋糕!

*本配方能做1个直径为22.5厘米的蛋糕。

*原料

半甜巧克力	395克，切碎
黄油	225克，切方块
蛋黄	6个
香草精	15毫升
盐	2.5克
面粉（多用途面粉）	40克
蛋白	6个
白糖	200克
香草冰淇淋或打发好的奶油	适量

*制作方法

1. 预热烤箱至180℃。在一个直径为22.5厘米的圆形蛋糕模上刷上油（原料外），放置一旁。

2. 把半甜巧克力和黄油一起放在耐热碗中慢火隔水加热融化，搅拌直至细滑，静置摊凉至室温。

3. 把蛋黄逐个拌入到已摊凉的巧克力混合物中，加入香草精、盐和面粉，搅拌均匀。

4. 用电动搅拌器搅打蛋白至能拉出软软的尖勾，逐量加入白糖，搅打至光滑而坚挺状态。

5. 把打发好的蛋白逐量以切拌方式加入到巧克力混合物中拌匀。

6. 把面糊倒入准备好的模具中，烤35～40分钟，或直至所插入蛋糕中心的蛋糕测试探针或针状物拔出时带点蛋糕屑。

7. 彻底摊凉后将蛋糕脱膜。

8. 室温下抹上香草冰淇淋或打发好的奶油一起食用。

9. 存放在密封容器内冷藏可保存2天。

朗姆酒蛋糕

Rum Cake

在欧洲，人们经常在放假时吃这款蛋糕。朗姆酒使这款香浓柔润的蛋糕带点醉人的意味，也有助保存。

＊本配方能做12个直径为8厘米的小蛋糕或1个直径为25厘米的蛋糕。

＊原料

面粉（多用途面粉）	330克
泡打粉	15克
苏打粉	5克
盐	2.5克
黄油	338克，切方块软化
白糖	250克
鸡蛋	4个，大的
香草精	5毫升
酸奶油	240毫升
朗姆酒	180毫升

朗姆酒糖浆

水	120毫升
白糖	100克
黑朗姆酒	120毫升

＊制作方法

1. 预热烤箱至180℃。在12个直径为8厘米的蛋糕模或1个直径为25厘米的中空花形蛋糕模上刷上油和撒上粉（均原料外），放置一旁。

2. 在搅拌碗中把面粉、泡打粉、苏打粉和盐搅拌均匀。

3. 用电动搅拌器中速搅打黄油和白糖至稀松状。

4. 将鸡蛋逐个加入，每次加入都要打匀。加入香草精。

5. 降至低速搅打，交替加入面粉混合物和酸奶油。

6. 加入朗姆酒，不停搅拌直至混合均匀。

7. 把面糊舀入准备好的模具中。

8. 单个的小蛋糕烤20～25分钟，中空花形蛋糕烤55～60分钟。或直到所插入蛋糕中心的蛋糕测试探针或针状物拔出时是干净的。

9. 把蛋糕连模放在网架上摊凉大概20分钟。

10. 同时开始制作朗姆酒糖浆。把水和白糖放在小炖锅中慢火加热5～10分钟至融合，离火，拌入黑朗姆酒中。

11. 用针戳入蛋糕各处，然后把一半的朗姆酒糖浆均匀倒在蛋糕上。静置30分钟。

12. 把蛋糕脱膜，放在网架上彻底摊凉。

13. 食用前用余下糖浆刷在蛋糕上。

14. 存放在密封容器内冷藏可保存2天。

超松软巧克力蛋糕

Super Moist Chocolate Cake

吃一块远远不够！制作糖霜也许比较花时间，但我保证这样的付出绝对值得。

* 本配方能做1个直径为22.5厘米的蛋糕。

* 原料

黄油	225克，切方块并软化
白糖	300克
鸡蛋	3个，大的
香草精	5毫升
面粉（多用途面粉）	240克
可可粉	75克
泡打粉	7.5克
苏打粉	7.5克
盐	5克
水	320毫升

糖霜

可可粉	112克
面粉（多用途面粉）	60克
淡奶	480毫升
炼奶	240毫升
黄油	28克

* 制作方法

1. 预热烤箱至180°C。在1个直径为22.5厘米、深8厘米的蛋糕模上刷上油和撒上粉（均原料外）。

2. 用电动搅拌器中高速搅打黄油和白糖至稀松状。

3. 降至低速搅打，逐个放入鸡蛋，每次放入都要打匀。加入香草精。

4. 把面粉、可可粉、泡打粉、苏打粉和盐一起筛入另一个碗中。

5. 把面粉混合物和水交替加入到黄油混合物中，搅拌至细滑状。

6. 把面糊倒入准备好的模具中。

7. 烤45～50分钟。从烤箱中取出蛋糕并彻底摊凉。

8. 准备糖霜。把可可粉和面粉放在中型炖锅中拌匀，逐量加入淡奶，搅拌至细滑状。

9. 加入炼奶，小火加热，一直搅拌至黏稠状。

10. 加入黄油，拌匀。

11. 把蛋糕脱膜后放在蛋糕垫板或蛋糕架上。把糖霜均匀倒在蛋糕上，并用抹刀抹平。

12. 切块食用，或存放在密封容器内冷藏可保存2天。

基础配方
Basic Recipes

糖浆

能制作大约1杯

＊原料

白糖	200克
水	240毫升

＊制作方法

1. 在小炖锅中以中火加热白糖和水，一直搅拌至糖溶解。

2. 慢火熬煮5分钟。

3. 离火摊凉待用。

4. 存放在密封容器内冷藏可保存4天。

巧克力糖霜

能制作大约2½杯

＊原料

黄油	225克，切方块，室温放置
糖霜（糖粉）	40克
盐	1.5克
半甜巧克力	315克，融化并摊凉
可可粉	37克
热牛奶	60毫升

＊制作方法

1. 用电动搅拌器高速搅打黄油和糖霜至稀松状。

2. 加入盐并降至低速搅打，逐量加入融化了的半甜巧克力。

3. 在另一个碗中把可可粉和热牛奶搅拌至细滑状。

4. 加入到巧克力混合物中，搅拌均匀。

5. 若糖霜太稀，则冷藏5～10分钟然后再重新低速搅打至细滑状。立即使用，或冷藏可保存4天。

奶油芝士糖霜

能制作大约3½杯

＊原料

奶油芝士	225克，软化
黄油	112克，软化，切方块
糖霜（糖粉）	240克，过筛
香草精	2.5毫升

＊制作方法

1. 用电动搅拌器高速搅打奶油芝士和黄油至稀松状。

2. 降至低速搅打，逐量加入糖霜，每次60克。加入香草精，搅拌至细滑状。

3. 立即使用，或冷藏可保存4天。使用前取出放至室温，然后低速搅打至细滑状。按需使用。

瑞士蛋白霜

可制作大约6杯

*原料

蛋白	4个
白糖	150克
盐	1.5克
香草精	5毫升
食用色素	数滴

*制作方法

1. 把蛋白、白糖、盐和香草精放在一个耐热碗中隔水慢火加热，一直搅拌至混合物温热可触以及糖溶解。

2. 用装上打蛋头的电动搅拌器高速搅打混合物至凉透并能拉出坚挺光滑的尖勾。需8～10分钟。

3. 加入食用色素做出所需的颜色。按需使用。

蛋奶馅

可制作大约2½杯

*原料

牛奶	540毫升
蛋黄	4个，大的
白糖	133克
玉米淀粉	30克
香草精	5毫升
黄油	56克

*制作方法

1. 在小炖锅中煮沸牛奶。

2. 在一个碗中把蛋黄、白糖、玉米淀粉和香草精搅拌均匀。加入一半煮沸了的牛奶，拌匀。

3. 把混合物倒回小炖锅中，继续搅拌至浓稠状，拌入黄油。

4. 离火，把蛋奶馅移入碗中，盖上保鲜膜摊凉至室温，冷藏待用。

香草戚风蛋糕

可制作一个直径为22.5厘米的蛋糕

*原料

蛋糕粉	90克
白糖	67克
泡打粉	7.5克
盐	2.5克
玉米油	56毫升
蛋黄	4个，大的
水	80毫升
香草精	5毫升
蛋白	4只
塔塔粉	1.5克
白糖	67克

*制作方法

1. 预热烤箱至180℃。在一个直径为22.5厘米的圆形烤模中铺上油纸，放置一边。

2. 把蛋糕粉、白糖、泡打粉和盐筛入一个中碗里。

3. 在另一个碗中把玉米油、蛋黄、水和香草精拌匀，加入到蛋糕粉混合物中，搅拌至均匀细滑状。

4. 用电动搅拌器中速搅打蛋白和塔塔粉至起泡。增至中高速，逐量加入白糖，搅打至光滑坚挺状。

5. 把搅打好的蛋白逐量加入至面糊中，拌匀。

6. 把面糊倒入准备好的烤盘中烤30分钟，或直至蛋糕表面触摸时回弹。不要戳蛋糕。

7. 从烤箱中取出蛋糕并彻底摊凉。按需使用。

派皮/酥皮

＊原料

面粉（多用途面粉）	300克
盐	5克
黄油	169克，切方块
酥油	43克，切方块
冰水	60～120毫升

＊制作方法

1. 在大碗中把面粉和盐搅拌均匀。

2. 加入黄油和酥油。用叉子或油面混合器翻动面粉以裹住黄油和酥油，然后把黄油和酥油切细至混合物呈大豆子般大小的粗碎屑。

3. 浇上一点冰水，继续翻动至面团均匀湿润并连成一大片，但未形成球状。

4. 用保鲜膜紧紧盖住面团并冷藏至少1小时或过夜待用。面团冷冻可保存1个月。

5. 用两张油纸夹住冷面团并擀开至0.3厘米厚。把面团放入派盘中并压至贴合边缘，用叉子轻戳底部。按食谱需要重复步骤铺好更多派盘。

6. 用保鲜膜盖住派盘冷藏20～30分钟。

7. 预热烤箱至190℃。在派皮上铺上油纸，周围留出2.5厘米的延长部分。放入派石、干豆子或生米，烤15分钟。移除油纸和压重物再多烤10分钟，或直至派皮呈金黄色。

8. 移至网架上彻底摊凉。按食谱指引使用。

甜塔皮/甜酥皮

＊原料

面粉（多用途面粉）	320克
白糖	50克
黄油	225克，切方块
蛋黄	2个
冰水	60毫升

＊制作方法

1. 用食物料理机混合面粉和白糖，加入黄油，启动10～20秒直至混合物呈粗粉状。

2. 在小碗中轻轻打散蛋黄，加入冰水。

3. 食物料理机运作时通过进料管缓缓注入鸡蛋混合物。启动不超过30秒直至形成不湿不粘的面团。

4. 捏一小团面团来测试一下稠度。若面团易碎，则加多一点冰水，每次约1汤匙。

5. 把面团碾成圆盘状，盖上保鲜膜。冷藏至少1小时或过夜待用。面团冷冻可保存1个月。

6. 预热烤箱至190°C。用两张油纸夹住冷面团并擀开至0.3厘米厚。把面团放入派盘中并压至贴合边缘。在面团上铺上一大张耐用锡纸，确保锡纸压至贴合边缘。按食谱需要重复步骤铺好更多派盘。放入派石、干豆子或生米。

7. 烤15分钟直至甜塔皮干透。拉起锡纸一角检查甜塔皮是否烤好。若仍粘住锡纸，则把甜塔皮放回烤箱内，每隔2分钟检查一次。

8. 当锡纸不再粘住甜塔皮时，小心地拉起锡纸边缘往中间靠，移走压重物。把热力降至180°C继续多烤10分钟直至甜塔皮呈金棕色。

9. 移至网架上彻底摊凉。按食谱指引使用。

Postscript

后记

　　本书是身兼咖啡师、甜点师、节目主持人的美食作家艾琳·阿纳斯塔西奥的全新力作，内含100款"咖啡+甜点"制作入门级读物，如果想把你的小家变成有好咖啡和美味甜点的家庭咖啡馆，这本书是最好的选择。

　　本书能顺利出版，感谢克丽玛咖啡培训中心对本书28款咖啡的视频拍摄。没有他们的专业指导与配合，本书不可能这么高品质、高效率地出版。

　　由于原版书没有配相关视频，为了让图书能有一个更直观的表现形式，让读者能更快速地学会制作咖啡，本书邀请了克丽玛咖啡培训中心参与本书的咖啡视频制作。克丽玛咖啡培训中心非常专业与敬业，为了本书拍摄，他们坚持用合格、健康的原材料，专业、合理的设备，客观、简单的教学方法，让读者迅速掌握咖啡各方面的知识。当你扫描二维码进入视频，相信不会让你失望。

再次感谢这个优秀的合作伙伴——克丽玛咖啡培训中心，期待下次合作。

SINCE 2005
克 丽 玛 咖 啡 培 训

克丽玛咖啡培训中心成立于2005年。十多年来，从克丽玛走出了4500多名掌握了咖啡基本技能的学员，500多名国家中、高级咖啡师，500多名国际认证咖啡师、品鉴师、烘焙师，有500多名学员成功开起了咖啡馆，1500多名在职咖啡店从业者。

克丽玛咖啡培训中心在北京、广州、深圳都建立了咖啡培训中心。授课教师均拥有丰富的教学经验，是国际咖啡组织认证的讲师、品鉴师以及世界咖啡大赛的评委。

www.crema.cn

公众号二维码